认识我们身边的核能

刘 艳◎编著

在未知领域 我们努力探索

在已知领域 我们重新发现

延边大学出版社

图书在版编目（CIP）数据

认识我们身边的核能 / 刘艳编著 .—延吉：延边大学出版社，2012.4（2021.1 重印）

ISBN 978-7-5634-3049-9

Ⅰ. ①认… Ⅱ. ①刘… Ⅲ. ①核能—青年读物 ②核能—少年读物 Ⅳ. ① TL-49

中国版本图书馆 CIP 数据核字（2012）第 051721 号

认识我们身边的核能

编　　著：刘　艳
责任编辑：林景浩
封面设计：映象视觉
出版发行：延边大学出版社
社　　址：吉林省延吉市公园路 977 号　　邮编：133002
网　　址：http://www.ydcbs.com　　E-mail：ydcbs@ydcbs.com
电　　话：0433-2732435　　传真：0433-2732434
发行部电话：0433-2732442　　传真：0433-2733056
印　　刷：唐山新苑印务有限公司
开　　本：16K　690×960 毫米
印　　张：10 印张
字　　数：120 千字
版　　次：2012 年 4 月第 1 版
印　　次：2021 年 1 月第 3 次印刷
书　　号：ISBN 978-7-5634-3049-9

定　　价：29.80 元

前言

Foreword

新能源的各种形式都是直接或者间接地来自于太阳或向地球内部伸出所产生的热能。包括太阳能、风能、生物质能、地热能、核聚变能、水能和海洋能以及由可再生能源衍生出来的生物燃料和氢所产生的能量。也可以说，新能源包括各种可再生能源和核能。相对于传统能源，新能源普遍具有污染少、储量大的特点，对于解决当今世界严重的环境污染问题和资源（特别是化石能源）枯竭问题具有重要意义。同时，由于很多新能源分布均匀，对于解决由能源引发的战争也有着重要意义。据世界断言，石油、煤矿等资源将加速减少，核能、太阳能即将成为主要能源。

1898 年法国物理学家 Pierre Cardin 和他的妻子 Maria Sklodowska－Curie 在沥青铀矿中发现了铀矿石，并发现其中有一种物质可以放射

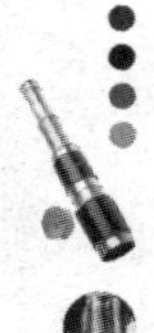

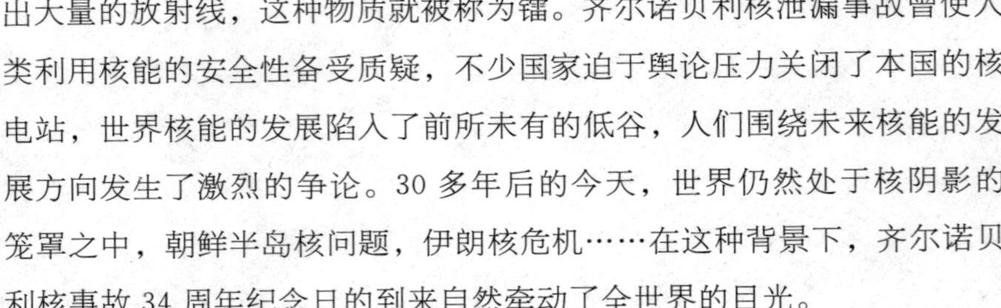

出大量的放射线，这种物质就被称为镭。齐尔诺贝利核泄漏事故曾使人类利用核能的安全性备受质疑，不少国家迫于舆论压力关闭了本国的核电站，世界核能的发展陷入了前所未有的低谷，人们围绕未来核能的发展方向发生了激烈的争论。30 多年后的今天，世界仍然处于核阴影的笼罩之中，朝鲜半岛核问题，伊朗核危机……在这种背景下，齐尔诺贝利核事故 34 周年纪念日的到来自然牵动了全世界的目光。

2011 年 3 月日本福岛核辐射，再一次引起了全世界的密切关注。核能使用虽然加速经济发展，但也给人类带来灾难，因此人类应对核能使用再反思。在大自然面前，人类是那么的渺小，生命是那么的脆弱！愿逝者安息，生者坚强，坚持下去。“人定胜天”也是浮云，人们对大自然应有新的感悟。

第❶章 核能基础知识

第❷章 核电技术

第❸章 核反应堆

第❹章 核武器

第❺章

核爆炸与核聚变

第❻章

核动力

第❼章

核辐射

第一章 核能基础知识

HENENGJICHUZHISHI

核能是原子核发生变化时所释放一种能量，又称“原子能”。原子能在现在社会里的应用是非常广泛的，例如其中的放射性同位素放出的射线在医疗卫生、食品保鲜等方面的应用就是原子能应用的一个重要方面。或许单单的核能的重要性说服力会显得单薄，但是如果你知道了以下事实：在发现原子能以前，人类只知道世界上有机械能，如汽车运动的动能；有化学能，如燃烧酒精转变为二氧化碳气体和水放出热能；有电能，当电流通过电炉丝以后，会发出热和光等。是不是发现核能和这些能量是有性质上的差别呢,是的这些能量的释放,无论在当时是多么的先进,但是它们都不会改变物质的质量，只会改变能量的形式。

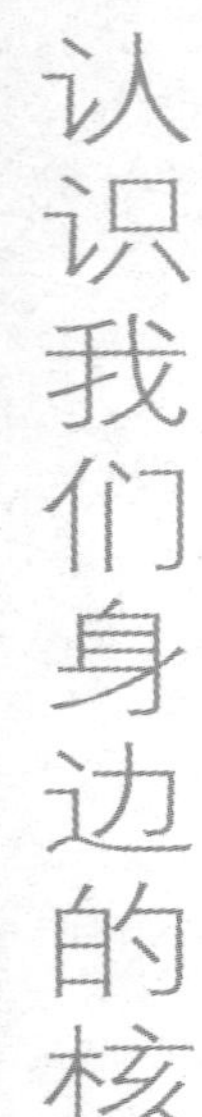

核能的发展史

He Neng De Fa Zhan Shi

核能又称“原子能”，是原子结构发生变化时从原子核中释放出的一种能量，为不可再生能源。核能的释放过程和结果符合阿尔伯特·爱因斯坦的方程 $E=mc^2$，其中 E＝能量，m＝质量，c＝光速常量。核能通过核裂变，或者核聚变或者核衰变进行释放。其中核裂变能打开原子核的结合力；核聚变使原子的粒子熔合在一起；核衰变是自然的慢得多的裂变形式。

※ 苏联的核能灯塔

核能是人类历史上的一项伟大发明，早期西方科学家通过探索和实验发现了它，同时西方科学家的努力和坚持更是为核能的应用奠定了基础。例如，19 世纪末英国物理学家汤姆逊发现了电子；1895 年德国物理学家伦琴发现了 X 射线；1896 年法国物理学家贝克勒尔发现了放射性；1898 年居里夫人与居里先生发现新的放射性元素钋；1902 年居里夫人经过 4 年的艰苦努力又发现了放射性元素镭；1905 年爱因斯坦提出质能转换公式；1914 年英国物理学家卢瑟福通过实验，确定氢原子核是一个正电荷单元并将它称为质子；1935 年英国物理学家查得威克发现了中子；1938 年德国科学家奥托·哈恩用中子轰击铀原子核，发现了核裂变现象；1942 年 12 月 2 日美国芝加哥大学成功启动了世界上第一座核反应堆等等，核能的发展是科学家们一步一步努力得来的。

在 1945 年之前，人类在能源利用领域只涉及到物理变化和化学变化，它们都不会改变物质的质量。随着人们对核能的认识，同时应二战之需，原子弹应运而生了。人类开始将核能运用于军事、能源、工业、航天等领域。美国、俄罗斯、英国、法国、中国、日本、以色列等国相继展开对核能应用前景的研究。1954 年苏联建成了世界上第一座核电站——奥布灵斯克核电站。

核能是未来能源，也是自发现以来不断被应用的能源，其中核能发电就是一项应用于生活中的实例。可以说在核能发电的发展中动力堆的发展功不可没。动力堆的发展最初是出于军事需要，随着军事需求而不断发展。自 1954 年苏联建成世界上第一座装机容量为 5 兆瓦（电）的核电站之后，核电站的发展迅速展开，英、美等国相继建成各种类型的核电站。到 1960 年有 5 个国家建成 20 座核电站，装机容量 1279 兆瓦（电）。由于核浓缩技术的发展，到 1966 年，核能发电的成本已低于火力发电的成本。核能发电真正迈入了实用阶段。1978 年全世界 22 个国家和地区正在运行的 30 兆瓦（电）以上的核电站反应堆已达 200 多座，总装机容量已达 107776 兆瓦（电）。20 世纪 80 年代因化石能源短缺的问题日益突出，核能发电的进展更快。到 1991 年，全世界近 30 个国家和地区建成的核电机组为 423 套，总容量为 3.275 亿千瓦，其发电量占全世界总发电量的约 16%。中国大陆的核电起步较晚，20 世纪 80 年代才动工兴建核电站。中国自行设计建造的 30 万千瓦（电）秦山核电站在 1991 年底投入运行。大亚湾核电站于 1987 年开工，于 1994 年全部并网发电。虽然我们的起步晚，但是中国人一直在努力。核电站的建立是为了解决能源需

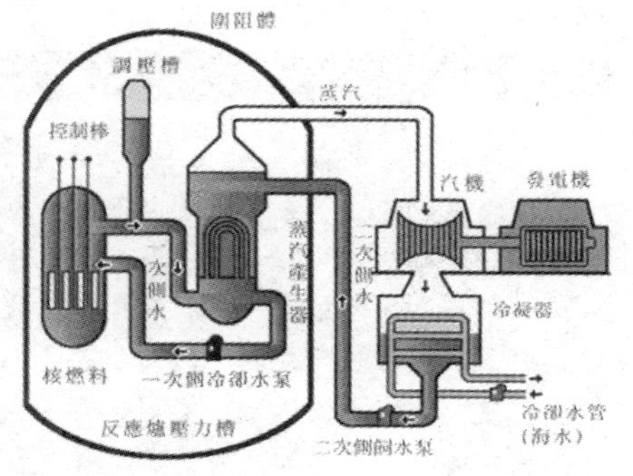

※ 核能发电的过程

※ 奥布灵克核电站

求，是为人们更好的生活质量的。

知识链接

·原理·

核能发电的能量来自核反应堆中可裂变材料（核燃料）进行裂变反应所释放的裂变能。裂变反应指铀—235、钚—239、铀—233等重元素在中子作用下分裂为两个碎片，同时放出中子和大量能量的过程。反应中，可裂变物的原子核吸收一个中子后发生裂变并放出两三个中子。若这些中子除去消耗，至少有一个中子能引起另一个原子核裂变，使裂变自持地进行，则这种反应称为链式裂变反应。实现链式反应是核能发电的前提。

核电站是利用核反应堆中核裂变所释放出的热能进行发电的。这种发电方式与火力发电极其相似，只不过它是以核反应堆及蒸汽发生器来代替火力发电的锅炉，以核裂变能代替矿物燃料的化学能。核能发电利用铀燃料进行核分裂连锁反应所产生的热，将水加热成高温高压，利用产生的水蒸气推动蒸汽轮机并带动发电机。核反应所放出的热量较燃烧化石燃料所放出的能量要高很多（相差约百万倍），比较起来所需要的燃料体积比火力电厂少很多。举例而言，核电厂每年要用掉80吨的核燃料，只要两支标准货柜就可以运载。如果换成燃煤，需要515万吨，每天要用20吨的大卡车运705车才够。如果使用天然气，需要143万吨，相当于每天烧掉20万桶家用瓦斯。换算起来，刚好接近全台湾692万户的瓦斯用量如此换算下来，核能在电力上的应用要比煤炭节省的多，而且少了燃烧煤炭带来的过多的二氧化碳的问题。

※ 在上方拍摄的核电站

因为发电所使用的铀燃料，除了发电外，暂时没有其他的用途。凡事都具有两面性，核能发电也不例外，有着自身的优点，但是也不可避免存在的缺点。它的优点显而易见，如核能发电不会产生加重地球温室效应的二氧化碳；核能发电不会造成空气污染，因为核能发电不像化石燃料发电那样排放大量的污染物质到大气中；核能发电所使用的铀燃料，除了发电外，暂时没有其他的用途，充分利用了铀燃料；核燃料能量密度比化石燃料高几百万倍，故核能电厂所使用的燃料体积小，运输与储存都很方便，

一座1000百万瓦的核能电厂一年只需30公吨的铀燃料，一航次的飞机就可以完成运送；核能发电的成本中，燃料费用所占的比例较低，核能发电的成本不易受到国际经济情势影响，故发电成本较其他发电方法为稳定。

※ 核电站内部结构

核电站的缺点有：核能发电厂热效率较低，因而比一般化石燃料电厂排放更多废热到环境中，故核能电厂的热污染较严重；核能电厂投资成本太大，电力公司的财务风险较高；兴建核电厂较易引发政治歧见纷争；核电厂的反应器内有大量的放射性物质，如果在事故中释放到外界环境中，会对生态及民众造成伤害；核能电厂会产生高低阶放射性废料，或者是使用过的核燃料，虽然所占体积不大，但因具有放射线，故必须慎重处理，且需面对相当大的政治困扰。

总体上说核能是最有希望的未来能源，虽然有着自身的缺点，但是它的光芒是无法掩盖的，相信随着技术人员的不断研究，那些缺点给人类带来的伤害会得到妥善的解决的。

拓展思考

1. 你知道核能是谁发现的吗？
2. 核能的原理是什么呢？
3. 核能的优点和缺点是什么呢？

核能的知识

He Neng De Zhi Shi

◎原子及原子核

原子指化学反应的基本微粒。我们知道世界上的一切物质都是由带正电的原子核和绕原子核旋转的带负电的原子构成的。原子核包括带正电的质子和电中性的中子，其中质子数决定该原子属于何种元素，原子的质量数是质子数和中子数之和。如一个铀－235 原子是由原子核（由 92 个质子和 143 个中子组成）和 92 个电子构成的。如果把原子看作是我们生活的地球，那么原子核就相当于一个乒乓球的大小，就是这样体积很小的原子核，在一定条件下能释放出的能量会无比的惊人。

◎铀的同位素

同位素是指质子数相同而中子数不同或者说原子序数相同而原子质

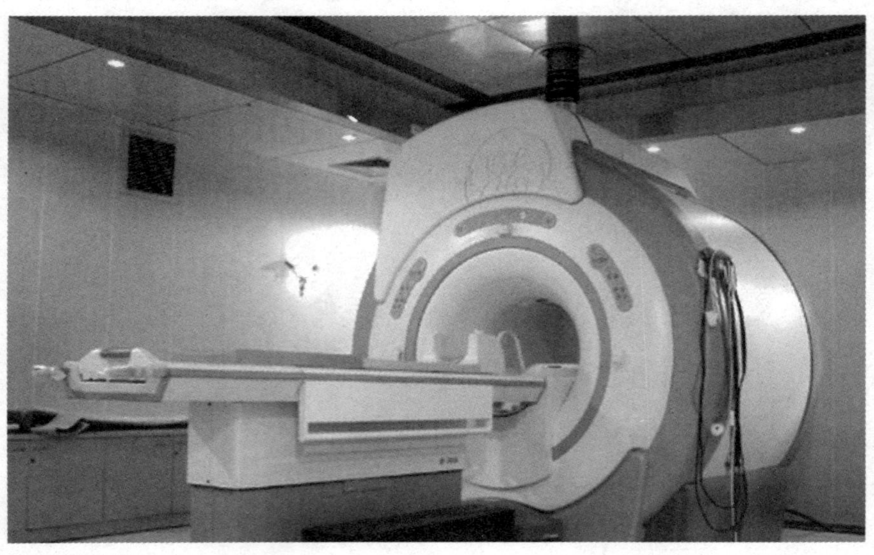

※ 核能仪器

量数不同的一些原子，它们在化学元素周期表上占据同一个位置。简单来说，同位素就是指某个元素的各种原子，它们具有相同的化学性质。按质量不同通常可以分为重同位素和轻同位素。核能发电的燃料铀是自然界中原子序数最大的元素。天然铀的同位素主要是铀－238和铀－235，它们所占的比例分别为99.3％和0.7％。除此之外，自然界中还有微量的铀－234。铀－235原子核完全裂变放出的能量是同量煤完全燃烧放出能量的2700000倍。

◎重核裂变

重核裂变指的是一个重原子核，主要是指铀或者钚，分裂成两个或多个中等原子量的原子核，引起链式反应，从而释放出巨大的能量。例如，当用一个中子轰击U－235的原子核时，它就会分裂成两个质量较小的原子核，同时产生2～3个中子和β、γ等射线，并释放出约200兆电子伏特的能量。如果再有一个新产生的中子去轰击另一个铀－235原子核，便引起新的裂变。以此类推，裂变反应不断地持续下去，从而形成了裂变链式反应，与此同时，核能也连续不断地释放出来。裂变有着重大的实用价值。裂变是一个极复杂的核过程，研究这一过程有助于原子核物理学的发展。

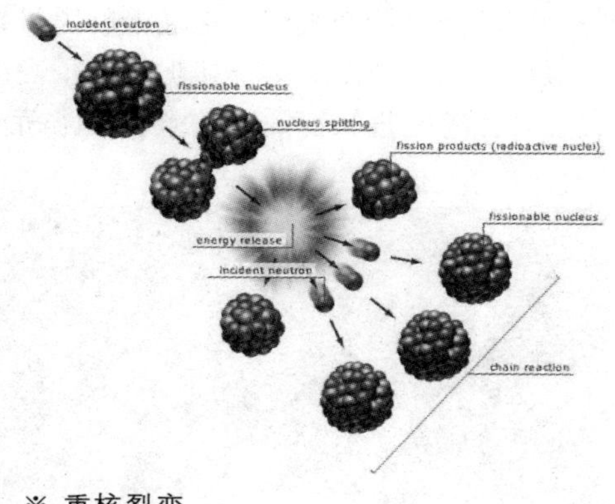

※ 重核裂变

◎轻核聚变

所谓轻核聚变是指在高温（几百万度以上）下把轻核结合成质量较大的核并放出大量能量的过程，也称热核反应。轻核聚变是取得核能的重要途径之一。由于原子核间有很强的静电排斥力，因此在一般的温度和压力下，很难发生聚变反应。而在太阳等恒星内部，压力和温度都极高，所以就使轻核有了足够的动能来克服静电斥力从而发生持续的聚变。自持的核聚变反应必须在极高的压力和温度下进行，故称为“热核聚变反应”。氢弹是利用氘、氚原子核聚变反应时瞬间释放出巨大能量这一原理制成的，但它释放能量有着不可控性，所以有时造成了极大的杀伤破坏作用。科研人员称目前正在研制的“受控热核聚变反应装置”就应用了轻核聚变原理，而且由于这种热核反应是人工控制的，所以可作为一种人为控制的能源。

◎核聚变的应用

托卡马克是一种利用磁约束来实现受控核聚变的环性容器。这种装置是目前可行性较大的可控核聚变反应装置。它的名字 Tokamak 来源于环形、真空室、磁、线圈。最初是 20 世纪 50 年代由位于苏联莫斯科的库尔恰托夫研究所的阿齐莫维齐等人发明的。托卡马克的中央是一个环形的真空室，外面缠绕着线圈。在通电的时候托卡马克的内部会产生巨大的螺旋型磁场，将其中的等离子体加热到很高的温度，以达到核聚变的目的。事实上产生可控核聚变需要的条件非常苛刻。我们的太阳就是靠核聚变反应

※ 核聚变内部的反应装置

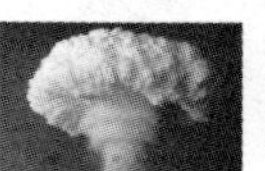

来给太阳系带来光和热，其中心温度达到1500万摄氏度，另外还有巨大的压力能使核聚变正常反应，但是地球上没办法获得巨大的压力，只能通过提高温度来弥补，而且这样一来温度也要达到上亿度才行。没有一种固体物质能够承受核聚变如此高的温度，只能靠强大的磁场来约束。此外这么高的温度，核反应点火也成问题。不过在2010年2月6日，美国利用高能激光实现了核聚变点火所需的条件。中国的“神光2”将为我国的核聚变进行点火。总体来说，核聚变的会在未来起到很大的作用，因此，世界很多国家都在努力的研发。

※ 核聚变的反应装置

▶知识链接

一种新能源—核能

目前化石燃料在能源消耗中所占的比重仍处于绝对优势，但此种能源不仅燃烧利用率低，而且污染环境，它燃烧所释放出来的二氧化碳等有害气体容易造成“温室效应”，使地球气温逐年升高，造成气候异常，加速土地沙漠化过程，给社会经济的可持续发展带来严重影响。与火电厂相比，核电站是非常清洁的能源，不排放这些有害物质也不会造成“温室效应”，因此能大大改善环境质量，保护人类赖以生存的生态环境。

世界上核电国家的多年统计资料表明，虽然核电站的投资高于燃煤电厂，但是，由于核燃料成本远远地低于燃煤成本，相反核燃料反应所释放的能量却远远高于化石燃料燃烧所释放出来的能量，而且核燃料取之不竭，这就使得目前核电站的总发电成本低于烧煤电厂。

◎核能是可持续发展的能源

核裂变的主要燃料铀和钍，它们在世界上的储量分别约为490万吨和275万吨，这组数据是估算而来的，并没有确切的答案。这些裂变燃料足可以用到聚变能时代。轻核聚变的燃料是氘和锂，1升海水能提取30毫克氘，在聚变反应中能产生约等于300升汽油的能量，即“1升海水约等于300升汽油”，地球上海水中有40多万亿吨氘，足够人类使用百亿年。地球上的锂储量有2000多亿吨，锂可用来制造氚，足够人类在聚变能时代使用。而且以目前世界能源消费的水平来计算，地球上能够用于核聚变的氘和氚的数量，可供人类使用上千亿年。因此，有关能源专家认为，如果未来核聚变技术成功和成熟的话，人类将能从根本上解决能源问题。

※ 核工业

核工业的主要业务范围包括：铀矿勘探、铀矿开采与铀的提取、燃料元件制造、铀同位素分离、反应堆发电、乏燃料后处理、同位素应用以及与核工业相关的建筑安装、仪器仪表、设备制造与加工、安全防护及环境保护。

我们知道核工业最基本的原料就是铀。为了更好的发展核工业，因此，必须进行铀矿地质勘探，其目的是查明和研究铀矿床形成的地质条件，总结出铀矿床在时间和空间上的分布规律，并用此规律指导普查勘探，探明地下的铀矿资源。普查勘探工作的程序为区域地质调查、普查和详查、揭露评价、勘探等，同时还要求工作人员进行地形测量、地质填图、原始资料编录等一系列的基础地质工作，要求工作人员必须细致认真的工作。

铀矿开采是生产铀的第一步。其任务是从地下矿床中开采出工业品位的铀矿石，或将铀经化学溶浸，生产出液体铀化合物。由于铀矿有放射性，所以铀矿开采有其特殊方法。常用的主要有三种：露天开采、地下开采和原地浸出。露天开采一般用于埋藏较浅的矿体，方便剥离表土和覆盖岩石，使矿石出露，然后进行采矿。地下开采一般用于埋藏较深的矿体，

此种方法的工艺过程比较复杂。与以上两种法方法相比，原地浸出采铀具有生产成本低，劳动强度小等优点，但其应用有一定的局限性，仅适用于具有一定地质、水文地质条件的矿床。其方法是通过地表钻孔将化学反应剂注入矿带，通过化学反应选择性地溶解矿石中的有用成分——铀，并将浸出液提取出地表，而不使矿石绕围岩产生位移。

铀矿石加工的主要步骤包括：矿石品位、磨矿、矿石浸出，母液分离、溶液纯化、沉淀等工序。铀矿石加工的目的是将开采出来的具有工业品位或经放射性选矿的矿加工富集，使其成为含铀较高的中间产品，即通常所说的铀化学浓缩物。将此种铀化学浓缩物精制，进一步加工成易于氢氟化的铀氧化物将其作为下一步工序的原料。

矿石被开采出来后，要将其破碎磨细，使铀矿物充分暴露，这样更有利于浸出。之后再采用一定的工艺，借助一些化学试剂（即浸出剂）或其他手段将矿石中有价值的组分选择性地溶解出来。浸出方法有酸法和碱法两种方法。由于浸出液中铀含量低，而且杂质种类既多含量又高，所以必须将杂质去除才能确保铀的纯度。实现这一过程可以选择离子交换法（又称吸附法）和溶剂萃取法两种方法。

为了提高铀－235 浓度所进行的铀同位素的分离处理称为浓缩。通过浓缩可以为某些反应堆提供铀－235 浓度符合要求的铀燃料，现今所采用的浓缩方法有气体扩散法、分离法、激光法、喷嘴法、电磁分离法、化学分离法等，其中气体扩散法和离心分离法是现代工业上普遍采用的浓缩方法。浓缩处理是以六氟化铀形式进行的。

※ 铀矿开采

铀矿床是分散在地壳中的铀元素在各种地质作用下不断集中，最终形成的铀矿物的堆积物。并不是所有的铀矿床都有开采和进行工业利用价值的。因此了解铀矿床的形成过程，对铀矿普查勘探具有十分重要的指导意义。据统计，在已发现的 170 多种铀矿床及含铀矿物中，具有实际开采价值只有 14％～18％。影响铀矿床工业的两个主要因素是矿石品位和矿床储量。此外，评价的因素还有矿石技术加工性能、矿床开采条件、有用元素综合利用的可能性和交通运输条件等。

经过提纯或浓缩的铀，仍然不能直接用作核燃料。必须经过化学，物理、机械加工等处理后，制成各种不同形状和品质的元件，才能供反应堆作燃料来使用。所谓核燃料循环是指核燃料的获得、使用、处理、回收利用的全过程。它是核工业体系中的重要组成部分。核燃料循环通常分为前端和后端两部分，前端包括铀矿勘探、铀矿开采、矿石加工（包括选矿、浸出、提取和沉淀等工序）、精制、转化、浓缩、元件制造等；后端包括对反应堆辐照以后的乏燃料元件进行铀钚分离的后处理以及对放射性废物进行处理、贮存和处置。

※ 铀矿石的加工

核燃料元件种类繁多，按组分特征来分，可分为金属型、陶瓷型和弥散型；按几何形状来分，有柱状、棒状、环状、板状、条状、球状、棱柱状元件；按反应堆来分，可以分为试验堆元件、生产堆元件、动力堆元件（包括核电站用的核燃料组件）。

虽然核燃料元件种类繁多，但是一般都是由芯体和包壳组成的。由于它长期在强辐射、高温、高流速甚至高压的环境下工作，所以对芯片的综合性能、包壳材料的结构和使用寿命都有很高的要求。由此也可以看出核燃料元件的制造是一种技术含量很高的科技。

经过辐照的燃料元件，从堆内卸出时总会含有一定量未分裂和新生的裂变燃料。对乏燃料后处理的目的就是回收这些裂变燃料如铀－235，铀－233和钚，然后利用它们再制造新的燃料元件或用做核武器装料。此外，回收转换原料（铀－238，铯－137，锶－90），提取处理所生成的超铀元素以及可用作射线源的某些放射性裂变产物（如铯－137，锶－90等），都有很大的科学和经济价值。但是这项工序放射性很强，毒性也大，容易发生临界事故，因此在进行乏燃料的后处理时一定要加强安全防护措施。

后处理工艺一般分为四个步骤：冷却与首端处理、化学分离、通过化学转化还原出铀和钚、通过净化分别制成金属铀（或二氧化铀）及钚（或

二氧化钚)。冷却与首端处理即脱除元件包壳，溶解燃料芯块，也就是冷却将乏燃料组件解体。化学分离（即净化与去污过程）是将裂变产物从U一Pu中清除出去，然后用溶剂淬取法将铀一钚分离并分别以硝酸铀酰和硝酸钚溶液形式提取出来，后两个步骤显而易见，这里就不再赘述。

通常的工业三废是指“废水”、“废气”、“废渣”，在核工业生产和科研过程中，也会产生“三废”，且和工业三废差不多，指的是在核工业生产和科研过程中产生的一些不同程度放射性的固态、液态和气态的废物。在这些废物中，放射性物质的含量虽然很低，危害却很大。普通的外界条件（如物理、化学、生物方法）对放射性物质基本上不起作用。因此在放射性废物处理过程中，除了靠放射性物质的衰变使其放射性衰减外，就只能采取多级净化、去污、压缩减容、焚烧、固化等措施将放射性物质从废物中分离出来，使放射性物质的废物体积尽量减小，并改变其存在的状态，以达到安全处置的目的。这个过程称为“三废处理与处置”。能源是现代社会发展的重要物质基础，是实现经济增长的重要生产要素；发展水平越高，生活质量越高，能源消耗和人均用电量也越高，核能是人类发展的希望，了解关于核能的相关知识，也能让我们对未来更加充满信心。

※ 三废处理

拓展思考

1. 核能的获得途径是什么呢？
2. 核能的一种新能源是什么呢？
3. 核能是什么能源呢？

中国核能发展的趋势

Zhong Guo He Neng Fa Zhan De Qu Shi

※ 核电站外

中国人的生活在改革开放的40年中发生了巨大的变化，其中仅人均能源消费就从1978年的0.59吨标煤，提高到了2005年的1.70吨标煤。2006年发电量为2.83万亿千瓦时，比2005年增长13.5%，人均用电量2149千瓦时，约为世界平均水平的75%，不足美国的1/10，发展任务很重；能源生产和消费结构不合理，煤炭占一次能源的70%；石油消费的对外依存度不断提高；国家提倡大力发展可再生能源和核电，使得中国核电进入了加快发展的历史新阶段。核电站只需消耗很少的核燃料，就可以产生大量的电能，每千瓦时电能的成本比火电站要低20%以上。核电站还可以大大减少燃料的运输量。例如，一座100万千瓦的火电站每年耗煤三四百万吨，而相同功率的核电站每年仅需铀燃料三四十吨。核电的另一个优势是干净、无污染，几乎是零排放，中国正在加大能源结构调整力度，积极发展核电、风电、水电等清洁优质能源。中国能源结构仍以煤炭为主体，清洁优质能源的比重偏低。因此对于发展迅速但环境压力较大的中国来说，真的再合适不过。

虽然日本地震所引起的核辐射危机的影响，已经大大超过地震和海啸本身，它引起了世界范围内的恐慌，它对包括中国在内的许多国家的能源政策也都会产生影响，但中国能源政策的大方向很难因此改变。

我们可以从中国能源政策和战略上看到，核能是今后长期的发展重点。根据“十二五”规划，到2015年，中国计划新建40个机组，每年新上马的机组多达8个。从长期发展来看，发展核电是中国调整能源结构、缓解常规能源供应压力和实现减少温室气体排放目标的必然选择。在当前中国加速经济转型的背景下，煤炭等化石燃料无法解决电力供应紧张和节能减排压力等问题，新能源如风电、太阳能等因为受地理环境、气候条

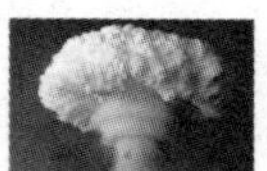

件、架设线路等因素制约，在未来国家经济发展过程中只能起到补充和调节效果，难以发挥主要作用。另外，中国大江大河上的水电站也基本饱和，水电资源开发潜力已经十分有限，选择清洁高效能源的核电，是中国能源发展的一个必然趋势，因此基本可以肯定中国能源发展的大方向不会因为日本核电站的泄漏事件而改变。

而且从客观上讲，我国在传统能源上表现为“多煤、贫油、少气”的基本特征，再加上必须面对国际上应对气候变化的巨大压力，因此对能源结构进行调整，全面推动能源生产和利用方式变革，加快能源发展方式转变，走绿色低碳发展之路，已成为今后我国能源发展战略的主攻方向，绝对没有可能改变。

中国核电从 20 世纪 80 年代开始起步，2004 年，已建成核电机组 11 台，装机容量 910 万千瓦，2006 年发电量为 548 亿千瓦时，占全国发电量的 1.93％，2006 年浙江、广东两省的核电上网电量分别占其统调上网电量的 16％、12％；《核电中长期发展规划》提出应积极推进我国核电发展的方针；到 2020 年我国核电装机容量达到 4000 万千瓦，在建 1800 万千瓦；2005～2010 年新建 1600 万千瓦，是前 20 年总和的 175％；2011～2020 年，新建 3800 万千瓦，是前一个十年的 236％；中国只在沿海地区发展核电的格局将被打破，核电建设向内陆地区迈进，中国成为新世纪第

※ 中国早期的核电站

一个把宏伟核电规划变为实际行动的国家。人们希望核电在中国能源结构中的比例越来越大，核电在中国的发展面临着难得的历史性机遇。

经过 20 多年的发展，并且从世界范围内核电发展总趋势来看，中国核电发展的技术路线和战略路线早已明确并正在执行，当前发展压水堆，中期发展快中子堆，远期发展聚变堆。具体地说就是，近期发展热中子反应堆核电站；为了充分利用铀资源，采用铀钚循环的技术路线，中期发展快中子增殖反应堆核电站；远期发展聚变堆核电站，从而基本上“永远”解决能源需求的矛盾，期待中国核电技术的进步，以便更好的为人类服务。

知识链接

据统计，核电站正常运行的时候，一年给居民带来的放射性影响，还不到一次 X 光透视所受的剂量。此外，核电站的安全性强。从第一座核电站建成以来，全世界投入运行的核电站达 400 多座，30 多年来基本上是安全正常的。虽然有 1979 年美国三里岛压水堆核电站事故和 1986 年苏联切尔诺贝利石墨沸水堆核电站事故，但这两次事故都是由人为因素造成的。随着压水堆的进一步改进，核电站有可能会变得更加安全。

※ 核能有巨大的威力

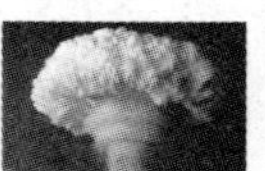

我们知道核能具有巨大的开发价值，也有着巨大的威力。1 千克铀原子核全部裂变释放出来的能量，约等于 2700 吨标准煤燃烧时所放出的化学能，而核聚变反应释放的能量则更巨大。据测算 1 千克煤只能使一列火车开动 8 米；一千克裂变原料可使一列火车开动 4 万千米；而 1 千克聚变原料可以使一列火车行驶 40 万千米，相当于地球到月球的距离。

前边已经提到地球上蕴藏着数量可观的铀、钍等裂变资源，如果把它们的裂变能充分利用，可以满足人类上千年的能源需求。在大海里，还蕴藏着不少于 20 万亿吨核聚变资源——氢的同位元素氘，如果可控核聚变在 21 世纪前期变为现实，这些氘的聚变能将可顶几万亿亿吨煤，能满足人类百亿年的能源需求。更可贵的是核聚变反应中几乎不存在反射性污染。聚变能称得上是未来的理想能源。因此，人类已把解决资源问题的希望，寄托在核能这个世界未来的巨人身上了。

虽然核能有着这样那样的好处，然而短期内核电不会成为中国能源供给的主流。中国经济正处于工业化阶段，具有重化工产业特征，经济发展必然需要大量能源，能源消费增长属于刚性增长，而且高能耗工业部门大都是支柱产业，经济要发展、人民生活水平要提高，必须依赖于这些支柱产业。因此，在今后相当长时期内，传统化石能源尤其是煤炭和石油将依然是主体能源，同时天然气工业将得到快速发展，新能源和可再生能源保持一定增长势头，但总体能源结构以化石能源为主的基本格局很难改变，转变需要的过程艰巨而漫长，但是相信在适合的时机一定会真正的转变的。

另外，从可再生能源的资源潜力上来看，中国并不具备尽快摆脱对传统化石能源依赖的可能性，何况在可再生能源开发技术上和经济上也不具备大规模替代传统化石能源的可行性。尽管中国在最近几年来，十分重视新能源和可再生能源产业发展，但在低碳清洁能源的资源潜力、开发利用和技术创新方面与国际先进水平还存在较大差距，如大型风电的关键设备、太阳能光伏电池、燃料电池、生物质能及氢能等技术都处于起步阶段，存在产业规模小、经营分散、技术含量低和资源潜力不足等一系列问题。中国要实现新能源和可再生能源的快速发展，不但需要克服关键技术瓶颈，同时也面临着资源潜力不足的问题，因此要利用新能源和可再生能源开发来实现能源结构调整的目标，在较长时期内显然无法做到。

当然，总而言之，在中国与其他新能源相比，核能开发利用是拥有一定的基础和经验的能源之一，在技术上也逐渐成熟和完善，因此为了调整能源结构，尤其是为了在一定程度上降低传统化石能源的比重，发展核能就成为必然选择，没有理由改变既定的发展方向。

随着世界范围内核能的开发和利用，我们需要清醒地看到，国际原子能机构的工作仍然任重道远，必须对以下方面给予高度重视。

首先，自核能被发现之日起，其既可造福人类又能毁灭文明于一旦的双刃剑特性使防止核扩散与和平利用核能两项工作变得相辅相成，不可偏废。进入21世纪后，全球防核扩散和防止核恐怖主义的形势愈加错综复杂。如何在新形势下开发新理念和新技术，确保核查机制的有效性，妥善应对国际核领域的新情况、新问题，已成为国际原子能机构履行防核扩散义务必须面对的另一项艰巨任务。

其次，随着核电在全球电力供应中地位的不断提升，如何确保核燃料可靠供应开始成为国际社会关注的焦点。由于多边核燃料供应问题涉及政治、经济、法律、技术、安全、保安和防扩散等各个方面，十分复杂，因此，如何在普遍参与和充分协商的基础上，照顾各方特别是广大发展中国家的合理建议，切实拿出为大多数国家所接受的解决方案，避免经济技术问题政治化，是国际原子能机构必须认真考虑的问题。

再次，随着全球经济的快速增长和气候变化威胁的日益严峻，越来越多的发展中国家开始将目光转向核能。作为核领域的重要政府间国际组织，国际原子能机构如何充分利用自身资源，满足成员国在核安全监管体系和基础设施建设、工程项目管理能力提高、核人力资源培养等方面日益增长的需求，直接关系到国际核能事业的可持续发展。

核能，作为一把双刃剑，是中国未来能源利用的必然趋势，有很大的好处，但是又需要时间，同时也伴随着巨大的风险。不仅是中国，世界各个发展核能的国家都要注意，不能为了一己之私，毁了人类生活的家园。

拓展思考

1. 中国能源结构以什么为主呢?
2. 如何用反应堆产生核能呢?
3. 核燃料都有什么呢?

第二章 核电技术

HEDIANJISHU

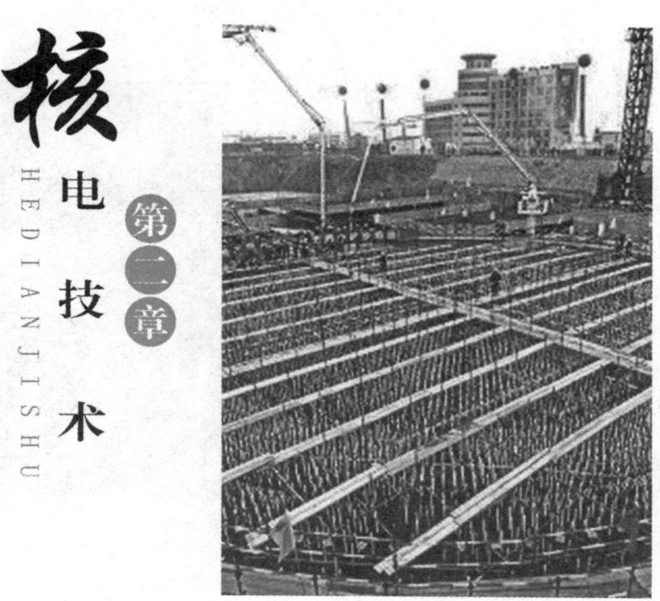

在世界范围内能源的短缺的近现代社会，人们一直在寻找更好更实用的新能源，自 1951 年 12 月美国实验增殖堆 1 号（EBR–1）首次利用核能发电以来，世界核电至今已有 50 多年的发展历史。截止到 2005 年年底，全世界核电运行机组共有 440 多台，其发电量约占世界发电总量的 16%，核能作为未来能源的希望，人们一直在努力的探索和利用着它的发电的功能，并且也取得了不少成果，甚至研发了微型核电池。

核电的知识

He Dian De Zhi Shi

目前，人类实际应用的主要能源仍然是化石能源。其中煤、石油、天然气等化石能源的利用，对人类生存、发展和进步产生过巨大的影响。但是进入 21 世纪后，人们更加注重生存环境和生存空间的质量。大量燃用化石能源后产生的温室效应、酸雨现象对人类生存环境造成了严重破坏。同时，化石能源经过长期开采，其资源日趋枯竭，已不足以支撑全球经济的发展。因此人们加快了寻找替代能源的步伐。在这个的过程中，人们开始越来越重视核能的应用，而核能最主要的应用就是核能发电。

※ 核电技术

在第一章中我们已经接触到了核电站的一些知识，接下来我们要继续了解一下核电站的其他相关知识。众所周知，火力发电站利用煤和石油发电，水力发电站利用水力发电，那么核电站是如何发电的呢？作为利用原子核内部蕴藏的能量产生电能的新型发电站的核电站大体可分为两部分：一部分是利用核能生产蒸汽的核岛、包括反应堆装置和一回路系统，另一部分是利用蒸汽发电的常规岛，包括汽轮发电机系统。

核电站用的燃料是铀。铀是一种很重的金属。用铀制成的核燃料在一种叫“反应堆”的设备内发生裂变而产生大量热能，再用处于高压力下的水把热能带出，在蒸汽发生器内产生蒸汽，蒸汽推动气轮机带着发电机一起旋转，电就源源不断地产生出来，并通过电网送到四面八方。这就是最普通的压水反应堆核电站的工作原理。

在发达国家，核电已有几十年的发展历史，核电也已成为一种成熟的

能源。中国的核工业也已有 40 多年发展历史，建立了从地质勘察、采矿到元件加工、后处理等相当完整的核燃料循环体系，已建成多种类型的核反应堆并有多年的安全管理和运行经验，拥有一支专业齐全、技术过硬的队伍。核电站的建设和运行是一项复杂的技术。中国目前已经能够设计、建造和运行自己的核电站。秦山核电站就是由中国自己研究设计建造的。

核电站的组成通常有两部分：核系统及核设备，又称是核岛；常规系统及常规设备，又称为常规岛。这两部分就组成了核能发电系统。

核岛中主要的设备为核反应堆及由载热剂（冷却剂）提供热量的蒸汽发生器，它替代常规火电站中蒸汽锅炉的作用。常规岛的主要设备为气轮机和发电机及其相应附属设备，常规岛的组成与常规火电站气轮机大致相同。

反应堆种类很多，它是核电站的关键设计，链式裂变反应就在其中进行。核电站中使用最多的是压水堆。

压水堆首先要解决的问题是必须有核燃料。核燃料是把小指头大的烧结二氧化铀芯块，装到锆合金管中，将三百多根装有芯块的锆合金管组装在一起，成为燃料组件。大多数组件中都有一束控制棒，控制着链式反应的强度和反应的开始与终止。压水堆以水作为冷却剂在主泵的推动下流过

※ 秦山核电站

燃料组件，吸收了核裂变产生的热能以后流出反应堆，进入蒸汽发生器，在那里把热量传给二次侧的水，使它们变成蒸汽送去发电，而主冷却剂本身的温度就降低了。从蒸汽发生器出来的主冷却剂再由主泵送回反应堆去加热。冷却剂的这一循环通道称为一回路，一回路高压由稳压器来维持和调节。

核反应堆是一个能维持和控制核裂变的链式反应，从而实现核能一热能转换的装置。核电厂用的压水反应堆有一个厚厚的钢质贺筒形外壳，腰部有几个进水口和出水口，称为压力容器，900 兆瓦的压水堆，其压力容器高 12 米，直径 3.9 米，壁厚约 0.2 米。压力容器是堆芯，堆芯由燃料组件和控制棒组件等组成。水在它们的间隙中流过。水在此起两个作用，一是降低中子的速度使之易于被铀－235 核吸收，二是带出热量。900 兆瓦的压水堆一般装有 157 个燃料组件，约含 80 吨二氧化铀。压力容器顶装有控制棒驱动机构，通过改变控制棒的位置来实现开堆、停堆（包括紧急停堆）和调节功率的大小。

大家都知道电是电厂生产出来的。常见的电厂有烧煤或石油的火力发电厂，有靠水力发电的水电站，还有一些靠风力、太阳能、地热、潮汐能、波浪能、沼气生产电力的小型或实验性发电装置。其实核电技术发展之后，就有了核电厂这种大规模生产电力的新型发电厂，它是靠原子核内蕴藏的能量来发电的。

这些电站一般都是由芯体和包壳组成的。核电厂用的燃料是铀。用铀制成的核燃料在一种叫做“反应堆”的设备内发生裂变而产生大量热能，再用处于高压力下的水把热能带出，在蒸汽发生器内生产出来，并通过电网送到四面八方。以上就是最普通的压水反应堆核电厂的工作原理。

提到核大家都会想到它的放射性。大约在 100 年前，科学家发现某些物质能放出三种射线：α（阿尔法）射线、β（贝塔）射线，γ（伽玛）射线。后来的研究证明：α 射线是 α 粒子（氦原子核）流，β 射线是 β 粒子（电子）流，γ（伽玛）射线是光子流。

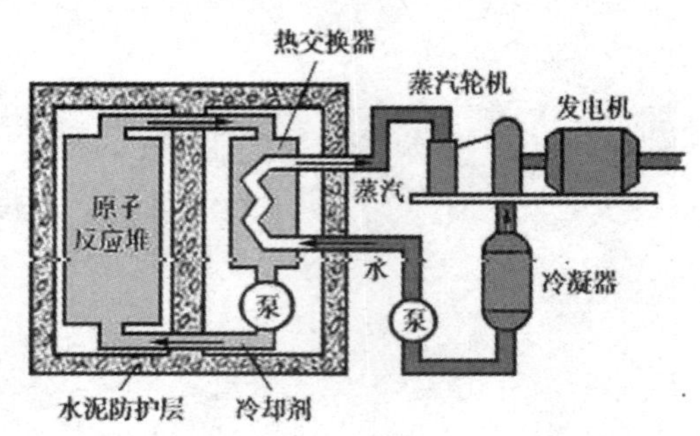

※ 核反应堆原理

这些射线有一些共同的特点：它们都有一定穿透物质的能力；人的五官是不能感知到它们的，但它们能使照相底片感光；照射到某些特殊物质上能发出可见的荧

光；通过物质时可以产生电离作用。射线主要通过电离作用对生物体产生一定的影响。

※ 产生电力的新型发电厂

其实射线并不可怕，我们吃的食物、住的房屋，甚至我们的身体内都有能放出射线的物质。我们戴夜光表、作 X 光检查、乘飞机、吸烟都会接受一定的辐射剂量，一定范围内的辐射人体是可以承受的。但是，过高的辐射剂量会有害健康。

说到了核能的放射性，那么这里就介绍一下两个关于放射性的计量单位。首先是居里（Curie，符号为：Ci），它表示单位时间内发生衰变的原子核数。1 居里（Ci）$=3.7\times10^{10}$ 贝克（Bq），1 克的镭 226 每秒能产生 3.7×10^{10} 次原子核衰变，该源的放射性强度即为 1 居里。换算：1 毫居里 $=3.7\times10^{7}$ 次/秒 1 微居里 $=3.7\times10^{4}$ 次/秒。

然后是贝克勒尔（Becquerel，符号为：Bq），是放射性活度的国际单位制导出的单位，1Bq 指每秒有一个原子衰变。比如，一克的镭放射性活度有 3.7×10^{10} Bq。

※ 核反应堆

知识链接

·什么叫做核事故·

一般来说，在核设施（例如核电厂）内发生了意外情况，造成放射性物质外泄，致使工作人员和公众受到超过或相当于规定限值的照射，则称为核事故。显然，核事故的严重程度可以有一个很大的范围，为了有一个统一的认识标准，国际上把核设施内发生的有安全意义的事件分为七个等级。

只有4～7级才称为“事故”。5级以上的事故需要实施场外应急计划，这种事故世界上共发生过四次，即苏联切尔诺贝利事故、英国温茨凯尔事故，美国三里岛事故和日本福岛核电站事故。

核技术方案可分为四代，其中第一代核电站为原型堆，其目的在于验证核电设计技术和商业开发前景；第二代核电站为技术成熟的商业堆，目前在运的核电站绝大部分属于第二代核电站；第三代核电站为符合URD或EUR要求的核电站，其安全性和经济性均较第二代有所提高，属于未来发展的主要方向之一；第四代核电站强化了防止核扩散等方面的要求，目前处在原型堆技术研发阶段，共有美国、法国、韩国、日本等10个国家加入。

核电站技术在一代又一代的发展，始终不变的是要保证人们的安全，所以，安全问题一直是核电技术发展中的一个大问题，20世纪80年代苏联切尔诺贝利核电站泄漏以及2011年日本福岛核电站泄漏更是给我们敲响了警钟。为了保护核电站工作人员和核电站周围居民的健康，核电站必须始终坚持“质量第一，安全第一”的原则。核电站的设计、建造和运行均采用纵深防御的原则，从设备、措施上提供多等级的重叠保护，以确保核电站对功率能有效控制，对燃料组件能充分冷却，对放射性物质不发生泄漏。纵深防御原则一般包括五层防线，第一层防线：精心设计、制造、施工，确保核电站有精良的硬件环境。建立周密的程序，严格的制度，对核电站工作人员进行高水平的教育和培训，人人做好安全防范，有完备的软件环境。第二层防线：加强运行管理和监督，及时正确处理异常情况，排除故障。第三层防线：在严重异常情况下确保做好对反应堆正常的控制和保护系统动作，防止设备故障和人为差错造成事故。第四层防线：发生事故情况时，启用核电站安全系统，包括对外设安全系统加强事故中的电站管理，防止事故扩大，保护反应堆厂房安全壳。第五层防线：万一发生极不可能发生的事故并伴有放射性外泄要立即启用厂内外应急响应计划，努力减轻事故对周围居民和环境的影响。

安全保护系统必须采用独立设备和冗余布置，准备好事故电源，确保

安全系统可以抗地展和在蒸汽、空气及放射性物质的恶劣环境中运行。核电站运行人员进行严格的技术和管理培训，通过国家核安全局主持的资格考试，获得国家核安全局颁发的运行值岗操作员或高级操作员执照才能上岗，无照不得上岗。执照在规定期内有效，过期后必须向核发机关申请再次审查。如果突发核外泄事故，应该立即启动应急计划。应急计划的内容主要包括：疏散人员、封闭核污染区（核反应堆及核电站）、清除核污染，以保证人身安全和环境清洁。

按照纵深防御的原则，必须在核燃料和环境外部空气之间设置了四道屏障。即第一道屏障：燃料芯块核然料放在氧化铀陶瓷芯块中，并使得大部分裂变产物和气体产物95%以上保存在芯块内。第二道屏障：燃料包壳，燃料芯块密封在铅合金制造的包壳中构成核燃料芯棒错合金，具有足够的强度且在高温下不与水发生反应。第三道屏障：压力管道和容器冷却剂系统将核燃料芯棒封闭在20厘米以上的钢质耐高压系统中避免放射性物质泄漏到反应堆厂房内。第四道屏障：反应堆安全壳用预应力钢筋混凝土构筑壁厚近100厘米，内表面加有6毫米的钢衬，可以抗御来自内部或

※ 切尔诺贝利核电站

外界的飞出物，防止放射性物质进入环境。

安全问题非常重要，那么对于核电站的选址自然也有很高的要求，选址时需非常慎重。国际上通行的关于核电站选址的有四个原则，分别是：经济、技术、安全、环境和社会。

所谓经济原则就是能够有足够的资金来建设和运行核电站，它所服务的地区要有足够的用电需求，所以核电站常常选址在经济较发达的地区。

事实上后面三个原则是有着密切的相互联系的。核电站必须建在经济发达的相对偏远地区，50 千米以内不能有大中型城市。要求厂址深部必须没有断裂带通过，而且要求核电站数千米范围内没有活动断裂，厂址区在 100 千米海域、50 千米内陆，历史上没有发生过 6 级以上地震，厂址区 600 年来也没有发生 6 级地震的构造背景。从核安全的角度来看，核电站选址必须考虑到公众和环境免受放射性事故释放所引起的过量辐射影响，同时要考虑到突发的自然事件或人为事件对核电厂的影响，所以，核电站必须选在人口密度低而且易隔离的地区。

此外，大家都知道很多核电站都是建在海边的，这是因为核电站在运行过程中会产生巨大的热量，所以核电站的选址必须靠近水源，最好是靠海，而且靠海还可以解决大件设备运输问题。一旦发生危险，在平的海岸线和放射物均匀发散的情况下，污染陆地面积只是完全在内陆的一半。但是建在海边有利的同时也多出一个风险，就是海啸或者台风带来大浪的可能。通常会建设防波堤来抵御巨浪的冲击。但是防波堤只能抵御一定程度的冲击，如果是比较大的海啸的话，防波堤无能为力，很可能产生十分严重的后果。

所以若是在内陆地区建立核电站，那么选址时更要慎重，因为内陆地区的水源全部为淡水，并且几乎所有的大江大河都直接向周边城市供应生活用水，在这种情况下建设核电站，一旦发生泄漏事故，后果不堪设想，因此一定要慎重再慎重。

拓展思考

1. 你知道什么是核能吗？
2. 你知道什么是核电厂呢？
3. 它的发电过程是什么呢？

核电的未来与核电技术的发展

He Dian De Wei Lai Yu He Dian Ji Shu De Fa Zhan

◎核电行业的未来

一直以来与欧洲国家纠结于是否要“弃核”不同，中国国内的讨论焦点一直集中在核电未来发展之争上。事实上，在日本福岛核事故沉淀半年多之后，世界上除德国、意大利等最初几个宣布放弃核电发展的国家，越来越多的国家坚定于安全、高效利用核能的道路，核电还是有发展前途的。

其实从环保角度讲，核能无疑是应对地球温室效应的最佳手段。从技术和经济的角度看，风电和光伏发电由于其能量的存在形式，在电网接入上具有较高的技术瓶颈，而核电则具有容量大、运行小时数高、发电波动性小、经济成本低等诸多优点，能满足工业化大规模使用，可有效取代煤电，具备产业化发展的条件。从环保的角度看，对比各种能源发电，核电基本实现了温室气体的零排放。据统计，每 22 吨铀发电所节约的 CO_2 量相对于 100 万吨煤所产生的量。全球每年产生的 CO_2 中 38%来自于煤炭、43%来自于石油，一台 100 万千瓦的火电机组每年产生的 CO_2 差不多有 700 万吨，照此测算，当前所运行的 910 万千瓦核电机组一年可节约 6370 万吨的 CO_2 排放，另外，核燃料运输的绝对量较小，相比较煤炭的运输又大大节约了 CO_2 的间接排放。这些都是核电令人不忍舍弃的原因。目前来看很多国家是不会放弃核发展的，其实继续发展核电无可厚非，总不能“因噎废食”。只是未来发展核技术需要注意的事项会更多，安全、技术，甚至以前的理念，都需要国际组织、政府以及科研人员慎重考虑。

◎技术及市场现状

世界上核工业最发达的国家目前仍然是日本，国际核电企业以日系为中心，形成三足鼎立的局面：日本富士财团的日立一美国通用、日本三井财团的东芝一美国西屋、日本三菱财团的三菱重工一法国阿海珐。日本在核电技术和市场的垄断雏形已经出现，因此中国加快发展核能应用的能源战略调整必然受制于日本。

◎核电技术方案

纵观核电发展历史，核电站技术方案大致可以分四代：

1. 第一代核电站

核电站事业的开发与建设开始于20世纪50年代。1954年，苏联建成电功率为5兆瓦的实验性核电站。1957年，美国建成电功率为9万千瓦的shippingport原型核电站。这些成就证明了利用核能发电的技术可行性。国际上把上述实验性和原型核电机组称为第一代核电机组。苏联切尔诺贝利可算作“第一代核”电站——石墨反应堆，这种第一代核电站既无内安全壳，更无外安全壳。

2. 第二代核电站

20世纪60年代后期，有许多国家在实验性和原型核电机组基础上，陆续建成电功率在30万千瓦的压水堆、沸水堆、重水堆、石墨水冷堆等核电机组，它们在进一步证明核能发电技术可行性的同时，使核电的经济性也得以证明。70年代，因石油涨价引发的能源危机促进了核电的大发展。目前世界上商业运行的四百多座核电机组绝大部分是在这段时期建成的，习惯上称之为第二代核电机组。日本福岛可算“第二代”核电站——有内安全壳，但无外安全壳。

3. 第三代核电站

20世纪70年代末及80年代，发生在三里岛和切尔诺贝利核电站的严重事故，为了消减事故带来的负面影响，世界核电业界集中力量对严重事故的预防和缓解进行了研究和攻关，并且采取了一系列的措施，美国和欧洲先后出台了“先进轻水堆用户要求”文件，即URD文件（Utility Requirements Document）和“欧洲用户对轻水堆核电站的要求”，即（EUR）文（European Utility Requirements Document），进一步明确了预防与缓解严重事故、提高安全可靠性和改善人因工程等方面的要求。国际上通常把满足URD文件或EUR文件的核电机组称为第三代核电机组。第三代有很多种，有沸水堆，还有比如我国建设的IP千，还有法国的EPR等，一般都被纳入到了“第三代”。

4. 第四代核电站

随着核能的发展，到了2000年1月，在美国能源部的倡议下，美国、英国、瑞士、南非、日本、法国、加拿大、巴西、韩国和阿根廷十个有意发展核能的国家，联合组成了“第四代国际核能论坛”（GIF），于2001年7月签署了合约，约定共同合作研究开发第四代核能技术。根据设想，

※ 第四代核电站

第四代核能方案的安全性和经济性将更加优越，废物量极少，无需厂外应急，并具备固有的防止核扩散的能力。高温气冷堆、熔盐堆，钠冷快堆就是具有第四代特点的反应堆。第四代核电站有着自己的特点：具有能提供清洁、可持续的核能，能为世界长期使用的可持续性；低成本、短周期建设，可在不同的电力市场竞争的经济性；会具有更优良的安全性和可靠性(包括非常低的堆芯损坏程度、防止核扩散等)。传统的核反应堆有很大的改善空间，这就导致了第四代核电技术的发展。现在发展的第四代核电技术都面临很多问题，需要我们去探索和解决。但是我们有理由相信随着经济社会的进一步发展，先进核能系统会得到长足地进步，也会获得越来越多人的支持。

▶知识链接

第一代核电站为原型堆，其目的在于验证核电设计技术和商业开发前景；第二代核电站为技术成熟的商业堆，目前在运行的核电站绝大部分属于第二代核电站；第三代核电站为符合 URD 或 EUR 要求的核电站，其安全性和经济性均较第二代有所提高，属于未来发展的主要方向之一；第四代核电站强化了防止核扩散等方面的要求，目前处在原型堆技术研发阶段。

◎中国核电分布

我国的核电站起步于秦山核电站（中核)。秦山核电站地处浙江省海盐县。一期工程采用中国CNP300压水堆技术，装机容量1×30万千瓦，设计寿命为30年，综合国产化率大于70%。运营年表是：1985年3月浇灌第一罐核岛底板混凝土（FCD），1991年12月首次并网发电，1994年4月设入商业运行，1995年7月通过国家验收。经过十多年的管理运行实践，实现了周恩来总理提出的“掌握技术、积累经验、培养人才，为中国核电发展打下基础”的目标。

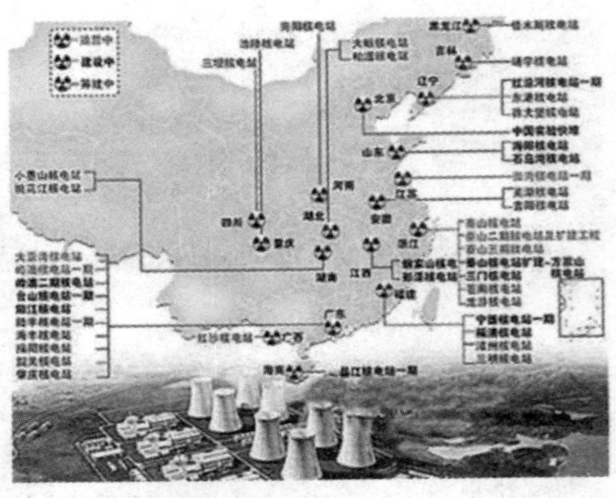

※ 中国的核电分布

二期工程及扩建工程：这一期工程则采用中国CNP650压水堆技术，装机容量2×65万千瓦，设计寿命为40年，综合国产化率二期约55%，二扩约70%，1#、2#机组先后于1996年6月和1997年3月开工，经过近8年的建设，两台机组分别于2002年4月、2004年5月投入商业运行，使我国实现了由自主建设小型原型堆核电站到自主建设大型商用核电站的重大跨越，为我国自主设计、建设百万千瓦级核电站奠定了坚实的基础，并将对促进我国核电国产化发展，进而拉动国民经济发展发挥重要作用。扩建工程（3#、4#机组）是在其设计和技术基础上进行改进，2006年4月28日开工，3#机组计划于2010年12月建成投产，4#机组力争2011年年底投产。

秦山三期（重水堆）核电站采用加拿大成熟的坎杜6重水堆技术（CANDU6），装机容量2×728兆瓦，设计寿命40年，综合国产化率约55%，参考电厂为韩国月城核电站3号、4号机组。1号机组于2002年11月19日首次并网发电，并于2002年12月31日投入商业运行。2号机组于2003年6月12日首次并网发电，并于2003年7月24日投入商业运行。

方家山核电工程是秦山一期核电工程的扩建项目，工程规划容量为两台百万千瓦级压水堆核电机组，采用二代改进型压水堆技术，国产化率达到80%以上，预计两台机组分别在2013年和2014年投入商业运行。项目建成后，秦山核电基地将拥有9台核电机组，总容量达到630万千瓦。该项目位于浙江海盐，南临杭州湾，建成后将承接华东区域电网，区位优势相当明显。

我们熟知的核电站还有广东大亚湾核电站（中广核）。大亚湾核电站

是采用法国M310压水堆技术，装机容量2×98.4万千瓦，设计寿命40年，综合国产化率不足10%，1987年8月7日工程正式开工，1994年2月1日和5月6日两台单机容量为984MWe压水堆反应堆机组先后投入商业营运。

岭澳核电站位于广东大亚湾西海岸大鹏半岛东南侧。它的一期工程，采用中国CPR1000压水堆技术，装机容量是2×99万千瓦，设计寿命40年，综合国产化率约30%，于1997年5月开工建设，2003年1月全面建成投入商业运行，2004年7月16日通过国家竣工验收。

二期工程，采用中国改进型CPR1000压水堆技术，装机容量是2×100万千瓦，设计寿命40年，1号和2号机组综合国产化率分别超过50%和70%，于2005年12月开工建设，两台机组于2010～2011年建成并投入商业运行。

三期工程，采用中国改进型CPR1000压水堆技术，装机容量是2×100万千瓦，设计寿命为40年，2011年开工建设。

田湾核电站（中核）位于江苏省连云港市连云区田湾，厂区按4台百万千瓦级核电机组规划，并留有再建2～4台的余地。它的一期工程，采用俄罗斯AES－91型压水堆技术，装机容量是2×106万千瓦，设计寿命为40年，综合国产化率约70%。于1999年10月20日正式开工（FCD），单台机组的建设工期为62个月，分别于2007年5月和2007年8月正式投入商运。

二期工程3号和4号机组的建设已启动，单机容量均为100万千瓦。

三期工程5号和6号机组的建设已启功，采用中国二代加CPR1000核电技术。

目前中国还有很多在建的核电站，如，红沿河核电站（中广核），它位于辽宁省大连市瓦房店东岗镇，地处瓦房店市西端渤海辽东湾东海岸。规划建设6台机组，采用中国改进型CPR1000压水堆技术，单机容量100万千瓦，设计寿命40年，综合国产化率约60%，1号机组于2007年8月正式开工，至2012年建成投入商业运营；宁德核电站（中广核），规划建设6台机组，采用中国改进型CPR1000压水堆技术，单机容量是100万千瓦，设计寿命为40

※ 压水堆技术

年，综合国产化率约75%以上，1#机组于2008年2月FCD，1、2#机组计划于2013年左右建成并投入商业运行。

其中广西防城港核电项目是我国北部湾地区首个核电项目，项目规划建设6台百万千瓦级压水堆核电站，一次规划、分期建设。其中，一期工程规划建设两台百万千万级压水堆核电机组，首台机组于2014年建成并投入商业运行。广西防城港核电站项目规划建设6台百万千瓦级核电机组。其中，一期工程采用自主品牌中国改进型压水堆核电技术CPR1000，建设两台单机容量为108万千瓦的核电机组，工程总投资约260亿元，设备国产化比例将达到87%，首台机组预计于2015年建成并投入商业运行。项目将从工程设计、工程管理、设备制造、调试运营等各个方面，使具有自主知识产权的我国核电技术得到进一步推广应用。一期工程建成后，每年可为广西提供150亿千瓦时安全、清洁、经济的电力，与同等规模燃煤电站相比，每年可减少电煤消耗600万吨，减少二氧化碳排放量约1482万吨、二氧化硫和氮氧化物排放量约13.64万吨，环保效益相当于新增了9.82万公顷森林，不但能有力地促进广西经济发展方式的转变，也将对实现我国控制温室气体排放目标、保护生态环境、保障北部湾经济区电力供应发挥积极作用。还有很多为了解决能源问题而进行建设的核电站。相信不久我们一定会看到核电站的更多有利的一面来证明核电站建设是有价值的。

※ 广西防城港核电项目

拓展思考

1. 你知道市场现状是什么吗？

2. 纵观核电发展历史，核电站技术方案大致有几种呢？它们都是什么呢？

3. 你知道中国的核电分布都是哪里吗？

微型核电池

Wei Xing He Dian Chi

“核电池”是一种温差发电器，是由一些性能优异的半导体材料，如碲化铋、碲化铅、锗硅合金和硒族化合物等，把许多材料串联起来组成。此外还得有一个合适的热源和换能器，在热源和换能器之间形成温差才可发电。这种电池又称为“放射性同位素温差发电器”或“原子能电池”。

核电池在蜕变过程中会不断以具有热能的射线的形式，向外放出比一般物质大得多的能量，这是因为它们的热源就是放射性同位素。这种很大的能量有两个显著的特点。一个是蜕变时放出的能量大小、速度不受外界环境中的温度、化学反应、压力、电磁场的影响，因此，核电池以抗干扰性强和工作准确可靠而著称。另一个特点是蜕变时间很长，这决定了核电池可长期使用。核电池采用的放射性同位素来主要有锶－90（Sr－90，半衰期为28年）、钚－238（Pu－238，半衰期89.6年）、钋－210（Po－210半衰期为138.4天）等长半衰期的同位素。将它制成圆柱形电池，燃料放在电池中心，周围用热电元件包覆，放射性同位素发射高能量的α射线，在热电元件中将热量转化成电流。

换能器是核电池的核心。目前常用的换能器叫静态热电换能器，它利用热电偶的原理在不同的金属中产生电位差，从而发电。它的优点是可以做得很小，但是以目前的技术来看，它的效率颇低，现在为止热利用率只有10％～20％，大部分热能被浪费掉。

虽然核电池在外形上有多种形状，但其实最外部分都是由合金制成的，它们的存在是为了保护电池和散热；次外层是辐射屏蔽层，这一层可以防止辐射线泄漏出来；第三层就是换能器了，在这里热能被转换成电能；最后是电池的心脏部分，放射性同位素原子在这里不断地发生蜕变并放出热量。

美国人在1959年1月16日制成了第一个核电池，它重1800克，在280天内可发出11.6度电。在此之后，核电池的发展颇快。1961年美国发射的第一颗人造卫星“探险者1号”，上面的无线电发报机就是由核电池供电的。1976年，美国的“海盗1号”、“海盗2号”两艘宇宙飞船先后在火星上着陆，在短短5个月中得到的火星情况，比以往人类历史上所积累的全部情况还要多。火星表面温度的昼夜差超过100℃，如此巨大的温差，一般化学电池是无法工作的，它们的工作电源正是核电池。

核电池在大海深处有很大的用武之地。在深海里，太阳能电池根本派不上用场，燃料电池和其他化学电池的使用寿命又太短，所以只得派核电池去了。例如现在已用它作海底潜艇导航信标，能保证航标每隔几秒钟闪光一次，几十年内可以不换电池。人们还将核电池用作水下监听器的电源，用来监听敌方潜水艇的活动。还有的将核电池用作海底电缆的中继站电源，它既能耐五六千米深海的高压，安全可靠地工作，又少花费成本，令人十分称心。

▶知识链接

在医学上，核电池已用于心脏起搏器和人工心脏。它们的能源要求精细可靠，以便能放入患者胸腔内长期使用。以前在无法解决能源问题时，人们只能把能源放在体外，但连结体外到体内的管线却成了重要的感染渠道，很是使人头疼。现在可好了，眼下植入人体内的微型核电池以钽铂合金作外壳，内装150毫克钚238，整个电池只有160克重，体积仅18立方毫米。它可以连续使用10年以上。

◎核电池和阿波罗飞船

阿波罗11号飞船是1969年7月21日，人类第一次成功地登上月球时所乘坐的工具。在月球表面的“静海区”着陆之后，进行了一系列科学实验，例如采集岩石样品、测定太阳风等等。很多人或许还能记得，或者仅靠想象，也能想得到当时人们都在屏住呼吸从电视屏幕上观看人类第一次登上月球的情景，感同身受的笑着、激动着看着船长阿姆斯特隆和飞行员奥德林在月面上手舞足蹈的动人场面。

在阿波罗11号飞船上，安装了两个放射性同位素装置，其热功率为15瓦，用的燃料为钚－238。不过阿波罗11号上的放射性同位素装置是供飞船在月面上过夜时取暖用的，也就是说它仅仅用于提供热源。所以，该装置又叫做ALRH（Apolo Lunar RI Heater）装置，意思是阿波罗在月球上用的放射性同位素发热器。

当然，在此之后发射的用于探索月面的阿波罗宇宙飞船上，安装的放射性同位素装置全部是为了发电用的。这就是SNAP－27A装置。它用的燃料是钚－238，设计的电输出功率为63.5瓦，整个装置重量为31千克，设计寿命为一年。它们的使命主要就是用于阿波罗月面探查的一系列科学

实验。

月球上的黑夜时间占一半，一夜约为地球上的两周，它的一天等于地球上的27天。太阳电池在黑夜期间完全停止工作。与此同时，处于背阳的月面，其温度会急剧下降好几百度，从酷热一下变成了严寒。所以为了使卫星上的地震仪、磁场仪以及其他机械能正常工作，必须利用余热进行保温。

阿波罗11号飞船的后继者——阿波罗12号飞船首次装载的放射性同位素电池——SNAP－27A装置，其寿命远远超过设计时考虑的一年，并能连续供给70瓦以上的电力，完全符合预期的设计要求。由于这一实验获得成功，于是后来在1970年发射的阿波罗14号以及随后的阿彼罗15号、16号、17号等飞船上都相继安装了SNAP－27A这一装置。

在过去的20年里，微机电系统和纳米技术的研究取得了巨大的进展，研究者们开发了各种类型的微米和纳米尺度的器件。然而，能量供给装置很难微小型化到相应尺度，传统的电池或能量供给装置仍然用于微米和纳米器件，这导致了整个系统体积增大、频繁充电或电池单元组布置的困难因此，研究者们自20世纪90年代起开始将目光转向开发各种微型电池的技术上。其中基于涡轮燃烧的微型能量产生装置和微型嫩料电池的目标是将机械能、热能和化学能转化成电能。这些技术都需要外部的微流体结构和外部能源驱动发动机供给燃料到工作腔中，或者促成化学反应实现能转换。微型锂电池也在研究当中，但是这类电池目前能量密度低，寿命短。目前的研究热点之一的还有微型太阳能电池阵列，其缺点在于需要光作为原始能源。放射能的应用时非常广泛的，例如应用于工业、农业和医疗服务等许多不同的领域，能量产生是其最重要的应用领域，这是因为核能在许多场合都是比常规能量产生形式更高效的能量产生方法。

国际上首先提出了结合微机电系统技术和核能科学的是美国威斯康星大学麦迪逊分校的研究者，他们于1999年在美国能源部的资助下开展了微型核电池或称放射性同位素电池的研究，随后在美国国防部的资助下，继续在美国康乃尔大学开展工作。在中国，包括厦门大学萨本栋微机电研究中心在内的国内外许多研究小组也开始致力于这项研究工作。与其他技术相比，微型核电池在许多领域具有应用前景，特别是在需要长期时间功能的应用场合，如植入式生物医疗微器件与用于环境监测的微型传感器或传感器网络放射性同位素的能量密度比化石或化学燃料的能量密度高了一成，并且若选择合适的放射性同位素，可以实现长寿命的微型核电池。

实现微型核电池的最重要的方面是放射性同位素的选择，主要是基于辐射类型，安全性、能量、相对比放射性、价格和半衰期。使用放射性同位素最重要的考虑因素始终是安全性。Gamma 射线具有很强的穿透能力，需要相当大的外部屏蔽装置以减小放射剂量比。Alpha 粒子可以用于在半导体产生电子一空穴对，但是它们会引起严重的晶格缺陷。纯的 Beta 射线发生器是微型核电池的最佳选择。镍－63 有超过 100 年的放射期，在我们的研究中可作为首选。从镍－63 发射出的粒子或电子，具有淤的平均能量和的最高能量，这低于引起硅晶体结构永久性损伤的 200～250KeV 闽值能量。另一方面，最高运动能量 67KeV 的电子无法穿透人类皮肤的外层，这保证了操作者的安全。

※ 微型核电池

Beta 型微型电池所开发的第一种类型的微型核电池是基于 Beta 辐生伏打效应，即由于电子空穴对（EHPs）产生的正电荷流动，从而形成电势差。当 EHPs 扩散进入半导体 pn 结的耗尽区，在 pn 结内建电场的作用下，实现对电子一空穴对的分离，即电子向 n 区，空穴向 p 区运动，产生电流输出。虽然辐生伏打效应与光生伏打效应类似，微型核电池的开发比太阳能电池的开发要困难得多。主要原因在于核电池中的电子通量密度比太阳能电池中的光子通量密度要低。对于微电池而言，由于使用了非常低放射强度的同位素，电子通密度还会降低。从 Beta 放射性同位素放射出来的电子的能分布通常真有很宽的频谱范围。带有不同能的电子会停留在半导体 pn 结器件不同深度的位里。因此，产生的 EHPs 的空间分布是不同的。为了获得更高的能量输出，需要对 pn 结器件进行优化设计，并采取微制造工艺达到尽可能将 EHPs 收集到耗尽层的目的。

传统核电池的一种工作方式是利用电容器收集辐射电荷。在我们的研究中，弹性变形的铜悬臂梁放于距离镍石放射源一段间隔的位置，当悬仲梁收集了来自放射源的带电荷粒子后，镍－63 剩余负电荷因此，产生了静电力，将悬臂梁吸引向放射源当悬胃梁接触到放射源，悬臂梁放电从而回到初始位里，再次进行下一循环周期的电荷收集。因此，实现了自主往复式悬有梁，或称直接收集型电荷运动转换装置。寄生电阻用于表示收集

电荷的泄漏通道。电荷转换导致电荷转换式中 I 为来自放射性同位素的全放射电流，A 为电容器的面积，R 为等效阻抗，V 为放射源与悬臂梁之间的电压，t 为时间，d 为电极间的距离，D 为表示被悬臂梁收集的部分全放射电流的经验系数。

微型核电池（Penny－Sized Nuclear Battery），是核电池的一种，它的体积很小，只有一分钱硬币的厚度，电力非常强，且使用起来很安全。它的原理通过利用微型和纳米级系统开发出了一种超微型电源设备，这种设备通过放射性物质的衰变，释放出带电粒子，从而获得持续电流。

在手机非常普及的今天，人们在受着手机带来的方便的同时也苦恼着，那就是你不得不为你的手机电量是否充足、是否要马上充电等问题而操心劳神，所以如果给你一块几个月都不需要充电的电池，你马上会高兴起来，如果给你一块你一辈子都不用充电的电池，你会不会惊讶万分？如果给你一块几百代人都不用充电的电池，你会不会觉得这是痴人说梦？告诉你，美国科学家眼下就创造出了这样一个神话。

让我们看一下神话是怎么创造出来的吧。原来早些时候科学家就发现，当放射性物质衰变时，就能够释放出带电粒子，如果采取一定特殊的办法，就能够把带电粒子驯服归拢起来，形成电流。后来科学家依照这个发现和放电原理，发明了大型的核电池，用于工业和航天业。如在航天领域，可把核电池安装在太阳能不够用的探测卫星上，或安装在发射到太阳系外的无人飞船上。遗憾的是，因核电池必须装有一个收集带电粒子的固体半导体，但由于辐射的作用，固体半导体很快就会受损，而为了降低受损程度，核电池就必须做得足够大。正因为核电池变小很难，所以它就很难在小型或微型电子设备上派上用场，自然也就很难把它做成手机电池，事情看上去简单却又复杂。

但是人们总是在想尽办法解决着问题，终于，美国科学家想出了为核电池“瘦身”的妙计，他们把核电池内易受损的固体半导体换成了不易受损的液体半导体，这样不但能完成收集带电粒子的使命，而且还可以大幅度“瘦身”，真可谓是一举两得。按照新思路研发出的圆形核电池直径有 1.95 厘米，厚度仅 1.55 毫米，仅仅比 1 美分硬币大一点点，但其电力却是普通化学电池的 100 万倍。

英国 BBC 电台 2009 年 10 月 9 日报道了由美国密苏里大学计算机工程系教授权载完（音）率领的研究组研发出了体积小但电力强的“核电池”的新闻。该研究成果被刊登在最新一期的《应用物理杂志》的科学杂志。

据介绍，他们通过利用微型和纳米级系统开发出了一种超微型电源设备，这种设备通过放射性物质的衰变，释放出带电粒子，从而获得持续电流。

一如我们了解到的那样，该研究小组称，虽然在很久之前核电池就已经应用在航天领域，但是因为大小的限制，在地球上核电池的应用还很少。大多数核电池通过固态半导体截获带电粒子，因为粒子的能量非常高所以半导体随着时间的推移将受到损伤。于是，为了能让电池长期使用，核电池被制造的非常大。

研究人员早在 2005 年就已经开始了对核动力电池的研究，经过他们的努力，至今核电池已经运用在很多专业领域，但在 JaeKwon 和 J. David Robertson 之前，由于对核能的忌惮，核电池一直被认为不适合在民间使用。所以此次微型核电池的成功研制，无疑推动了核动力的普及，说不定不久的将来就会出现核动力笔记本、核动力台式机。

权载完教授以及他的助手不但研发了微型的核电池，最主要的是实现了对电池芯片的改革。使用核电池时发出的放射能可能会损坏电池内部的固体芯片结构，但权载完利用液体芯片最大限度地克服了这一问题。权载完向 BBC 电台表示：“核能可用于心脏搏动调节装置或人造卫星等，已经可以安全地用于人们的生活。”

可以这样说：只需要一个硬币大小的电池，就可以让你的手机不充电使用 5000 年。不是神话，不是痴人说梦，而是科研人员努力的成果。权载完博士称，虽然人们总是闻“核”色变，但实际上核动力能源早就被应用在例如心脏起搏器、太空卫星和海底设备等多种安全供电项目上，这个项目也是为人类服务的一种。如果这种电池普及了，那么就省去了充电这一点儿麻烦，另外，像正在流行的电动车的电池，也有望实现让人至少一辈子不用充电的梦想。至于核电池是否会出现核污染问题，科学家指出，这个问题早在发明它的时候就同时解决了，人们不必为此担忧。

拓展思考

1. 你知道核电池又叫做什么吗？
2. 你知道人类在第一次登上月球是什么时间吗？
3. 你知道微型核电池可以用来干什么吗？

核电站的心脏就是本章我们所要接触的核反应堆，它又被称为原子反应堆或反应堆，是装配了核燃料以实现大规模可控制裂变链式反应的装置。核反应堆有许多用途，最重要的用途是产生热能，用以代替其他燃料，产生蒸汽发电或驱动航空母舰等设施运转。截止到 2011 年，世界上全部商业核反应堆都是基于核裂变的，其裂变产物可以生产核武器之中使用的钚。

揭开神秘面纱

Jie Kai Shen Mi Mian Sha

核反应堆是装配了核燃料以实现大规模可控制裂变链式反应的装置，又称为原子反应堆或反应堆。核反应堆的发生过程是指任何含有其核燃料按此种方式布置的结构，使得在无需补加中子源的条件下能在其中发生自持链式核裂变过程。从更广泛的意义上来讲，反应堆这一术语应覆盖裂变堆、聚变堆、裂变聚变混合堆，但一般情况下仅指裂变堆。

※ 大规模可控制裂变链式反映的装置

人们发现和了解核是19世纪末20世纪初的时候，但是在20亿年前，就已经存在天然核反应堆了，而且十几座天然核反应堆神秘启动，稳定地输出能量，并安全运转了几十万年之久。它们为什么没有在爆炸中自我摧毁？是谁保证了这些核反应的安全运行？莫非它们真的如世间的传言那样，是外星人造访的证据，或者是上一代文明的杰作？通过对遗迹抽丝剥茧地分析，远古核反应堆的真相终于越来越清晰地暴露于我们面前。

1972年5月的一天，看似平凡，却发生了一件不平凡的事情，法国一座核燃料处理厂的一名工人注意到了一个奇怪的现象。他像往常一样对一块铀矿石进行常规分析，这块矿石采自一座看似普通的铀矿。与所有的天然铀矿一样，该矿石含有3种铀同位素——换句话说，其中的铀元素以3种不同的形态存在，它们的原子量各不相同：含量最丰富的是铀238，最稀少的是铀234，而人们垂涎三尺，能够维持核链式反应（chainreaction）的同位素，则是铀235。在地球上几乎所有的地方，甚至在月球上或陨石中，铀235同位素的原子数量在铀元素总量中占据的比例始终都是0.720%。但是，在这些采自非洲加蓬的矿石样品中，铀235的含量仅有0.717%！尽管差异如此细微，却引起了法国科学家的警惕，这其中一定

发生过某种怪事。进一步的分析显示，从该矿采来的一部分矿石中，铀 235 严重缺斤短两：大约有 200 千克不翼而飞，这些铀 235 足够制造 6 枚原子弹。

法国原子能委员会（French Atomic Energy Commission，简写为 CEA）的专家们困惑了很长一段时间。直到有人突然想起 19 年前的一个理论预言，大家才恍然大悟。1953 年，美国加利福尼亚大学洛杉矶分校的乔治 · W · 韦瑟里尔（George W. Wetherill）和芝加哥大学的马克 · G · 英格拉姆（Mark G. Inghram）指出，一些铀矿矿脉可能曾经形成过天然的核裂变反应堆，这个观点很快便流行起来。其后不久，美国阿肯色大学的一位化学家黑田和夫（PaulK. Kuroda）计算出了铀矿自发产生“自持裂变反应”（self－sustainedfission）的条件。所谓自持裂变反应，就是可以自发维持下去的核裂变反应，是从一个偶然闯入的中子开始的。它会诱使一个铀 235 原子核发生分裂，裂变产生更多的中子，之后又会引发其他原子核继续分裂，如此循环下去，形成连锁反应。

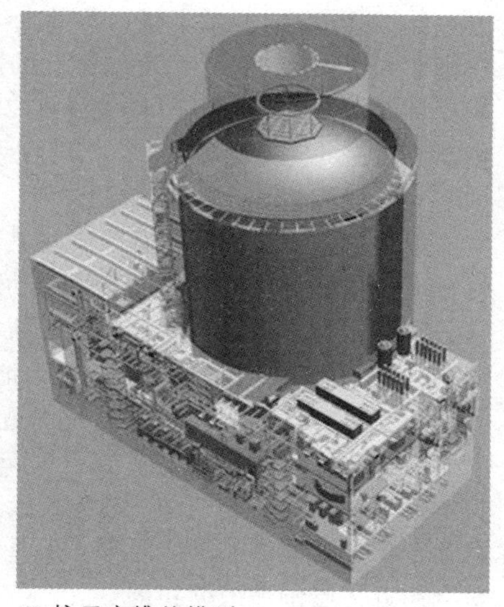

※ 核反应堆的模型

黑田和夫认为，自持裂变反应必须在一定的条件下才能发生，首先要满足的第一个条件就是，铀矿矿脉的大小必须超过诱发裂变的中子在矿石中穿行的平均距离，也就是 0.67 米左右。这个条件可以保证，裂变的原子核释放的中子在逃离矿脉之前，就能被其他铀原子核吸收。

第二个必要条件是，铀 235 必须足够丰富。现如今纵使是储量最大、浓度最高的铀矿矿脉也无法成为一座核反应堆，因为铀 235 的浓

※ 铀矿地下

度过低，甚至连1%都不到。不过这种同位素具有放射性，它的衰变速率比铀238快大约6倍，因此在久远的过去，这种更容易衰变的同位素所占的比例肯定特别高。黑田和夫说在20亿年前奥克罗铀矿脉形成的时候，铀235所占的比例接近3%，与现在大多数核电站中使用的、人工提纯的浓缩铀燃料的浓度大致相当。

第三个重要因素是，必须存在某种中子“慢化剂”（moderator），减慢铀原子核裂变时释放的中子的运动速度，从而使这些中子在诱使铀原子核分裂时，更加得心应手。而且矿脉中不能出现大量的硼、锂或其他“毒素”，这些元素会吸收中子，然后可能会令任何核裂变反应戛然而止。

随着研究人员对奥克罗以及邻近地区如奥克罗班等地区的考察和研究，最终在铀矿中，确定了16个相互分离的区域——20亿年前，那里的真实环境，居然与黑田和夫描绘的大致情况惊人地相似。尽管这些区域早在几十年前就被全部辨认出来，但是远古核反应堆运转过程的种种细节，直到最近才慢慢地被彻底揭开。

※ 分离区域

◎轻元素提供证据

重元素分裂产生的轻元素为奥克罗铀矿在20亿年前确实发生过自持核裂变反应，而且持续时间长达数十万年提供了确凿无疑的证据。

物理学家们确定奥克罗的铀矿中，由于天然的裂变反应导致了铀235的损耗。一个重原子核一分为二时，会产生较轻的新元素。找到这些元

素，就等于找到了核裂变确凿无疑的证据。事实证明，这些分裂产物的含量如此之高，因此除了核链式反应以外，不可能存在其他任何解释。这场链式反应很像1942年恩里科·费米（Enrico Fermi）及其同事所做的那场著名演示（当时他们建成了世界上第一座可控原子核裂变链反应堆），核反应堆的链式反应全靠自己的力量维持运转，只是时间上要比那场演示早的多，提前了20亿年。

▶知识链接

·惰性气体揭露谜底·

在奥克罗反应堆遗迹中，氙同位素的构成比例出现异常。找出这种异常的根源，就能揭开远古核反应堆的运作之谜。

最近，我们对奥克罗的一个反应堆遗迹进行了研究，重点集中在对氙气的分析方面。氙是一种较重的惰性气体（Inertgas），可以被矿物封存数十亿年之久。氙有9种稳定同位素，由不同的核反应过程产生，含量各不相同。作为一种惰性气体，它很难与其他元素形成化学键，因此很容易将它们提纯，进行同位素分析。氙的含量非常稀少，科学家可以用它来探测和追溯核反应，甚至用来研究那些发生于太阳系形成之前的、原始陨石之中的核反应。

※ 夜间的核电站

氙是一种惰性气体，是非放射性惰性气体中唯一能形成在室温下稳定的化合物的元素，能吸收X射线。实际上奥克罗地区的氙元素的含量也很异常，但是奥克罗的反应堆却一直在运行着，这是为什么呢？科学家想了很久才想明白是怎么回事，科学家们所测量的所有的氙同位素都不是铀裂变的直接产物。相反他们是放射性碘同位素碲衰变的产物，这是一个著名的核反应序列，最终的产物才是稳定的氙气。科学家们说，如果奥克罗矿脉一直处于封闭状态，那么在它的天然反应堆运转期间积聚起来的氙气，就会保持核裂变所产生的正常同位素比例，并一直保存至今。但是，他们说他们没有理由认为，这个系统会是封闭的。实际上，有充分的原因让人猜想，它不是封闭的。奥克罗反应堆可以通过某种方式自行调节核反应，这个简单的事实提供了间接的证据。最可能的调节机制与地下水的活动有关：当温度达到某个临界点时，水会被煮沸蒸发掉。水在核链式反应中起到了中子慢化剂的作用，如果水不见了，核链式反应就会暂时停止。而当温度下降，有足够的地下水再次渗入之后，反应区域才会继续开始发生裂变。

关于奥克罗反应堆究竟是如何运转的说法中，主要强调了两点：第一点是核反应很可能以某种方式时断时续地发生；第二点是必定有大量的水流过这些岩石——足够冲洗掉一些氙的前体，例如可溶于水的碲和碘。水的存在有助于解释这样一个问题：为什么大多数氙现在留存于磷酸铝颗粒中，而没有出现在富含铀元素的矿物里——要知道，裂变反应最初是在这里生成那些放射性前体的。氙气不会简单地从一组早已存在的矿物中迁移到另一组矿物里——在奥克罗反应堆开始运转之前，磷酸铝矿物很可能还不存在。据介绍，这些磷酸铝颗粒可能是就地形成的，磷酸铝颗粒是在一旦被核反应加热的水冷却到 300℃左右的条件下就会形成的。

※ 检测器

毫无疑问，在奥克罗反应堆运转的每个活跃期和随后温度仍然很高的一段时间里，都会有大量的氙气（包括形成速度相对较快的氙 136 和氙 134）会被赶走。而当反应堆冷却时，半衰期更长的氙前体（也就是最后会产生目前含量比较丰富的氙 132、氙 131 和氙 129 的放射性前体）则会优先与正在形成的磷酸铝颗粒结合起来。随着更多的水回到反应区域，中子被适当地慢化，裂变反应再度恢复，使这种加热和冷却的循环周而复始地重复下去。由此产生的结果，就是我们所观察到的、奇特的氙同位素构成比例。

虽然我们了解了关于氙如何稳定产生的问题，但是究竟是什么力量能让氙气在磷酸铝矿物中留存 20 亿年之久，甚至再进一步说，为什么在某次反应堆运转期间产生的氙气，没有在下一次运转期间被清除呢？对于这些问题，研究人员仍然没有找到确切的答案。据推测，氙可能被囚禁在磷酸铝矿物的笼状结构中，这种结构即使在很高的温度下，也能够容纳笼中产生的氙气，可以说磷酸铝俘获氙气的能力实在是令人惊叹。

远古核反应堆犹如今天的间歇泉，有着天然形成的自我调节机制。它们在核废料处置和基础物理研究方面，给科学家们提供了全新的思路。

在搞清了观测到的氙同位素在磷酸铝中产生的基本过程之后，科研人员又开始试图从数学上为这个过程建立一个模型。这个计算揭示了有关反

应堆运转时间的更多信息，所有的氙同位素都提供了大致相同的答案。科学家们研究的那个奥克罗反应堆每次“开启”30分钟，然后再“关闭”至少2.5小时。这样的模式犹如我们所看到的一些间歇泉，先是缓慢地加热，然后在一场壮观的喷发中将积蓄的地下水统统蒸腾而出，接着再重新蓄水，开始新一轮循环，日复一日、年复一年地持续下去。这种相似性支持了这样的观点：流经奥克罗矿脉的地下水不仅充当着中子慢化剂的角色，还不时会被蒸发殆尽，形成保护这些天然反应堆不至于自我摧毁的调节机制。在这方面，这种调节机制十分有效，所以在过去的数十万年间都没有发生一次熔毁或爆炸事件，我们不得不感叹这座神奇的矿山。

人们在某一段认为是真理的认知，可能会因为新的发现而完全推翻，对于我们的认知来说有些异常如奥克罗反应堆的出现，似乎就向科学家们透露了这样的讯息：他们曾经认定为基本物理常数的α（阿尔法，控制着诸如光速这样的宇宙参数），可能曾发生过改变。过去30年来发生在20亿年前的奥克罗现象一直被用来驳斥α曾经发生过改变的观点。但是2005年，美国洛斯阿拉莫斯国家实验室的史蒂文·K. 拉蒙诺（StevenK. Lamoreaux）和贾斯廷·R. 托格森（Justin R. Torgerson）却根据奥克罗现象推断，这一“常数”确实发生了明显改变（而且十分奇怪的是，他们得出的常数改变方向与最近其他人得出的结论相反）。对于拉蒙诺和托格森的计算来说，奥克罗运转过程的一些细节十分关键，从这个角度上来讲，研究人员需要进一步的去研究和发现，才有利于阐明这个复杂的问题。

有很多人在问，加蓬的这些远古反应堆是地球曾经出现过的唯一天然反应堆吗？20亿年前，自持裂变所需的条件并不十分罕见，有朝一日，我们或许能够发现其他的天然反应堆。甚至有些人说这些所谓的“天然”反应堆，也许是高于我们很多倍的文明创造出来的，根本不是现在认知的“天然”现象，所有的疑问，只能等待进一步的探索去慢慢的解开迷雾。

拓展思考

1. 你知道核反应堆是什么意思吗？
2. 黑田和夫认为的自持裂变反应能够发生的条件是什么？

核反应堆的类型与工作原理

He Fan Ying Dui De Lei Xing Yu Gong Zuo Yuan Li

◎类型

很多东西都会根据性质、用途等方面有不同的类型，核反应堆也不例外，有很多种类。根据用途，核反应堆可以分为以下几种类型：将中子束用于实验或利用中子束的核反应，包括研究堆、材料实验等；生产核裂变物质的核反应堆，称为生产堆；生产放射性同位素的核反应堆；为发电而发生热量的核反应，称为发电堆；用于推进船舶、飞机、火箭等到的核反应堆，称为推进堆；提供取暖、海水淡化、化工等用的热量的核反应堆，比如多目的堆。

※ 核反应堆的蓝色液体

按结构可分为：均匀堆、半均匀堆、非均匀堆、固体燃料堆、液体燃料堆、游泳池式堆、壳式加压型反应堆、压力管式加压型反应堆等；按中心能谱可分为：热中子堆、快中子堆、中能中子堆和谱移堆；按冷却剂可以分为：轻水堆、重水堆、压水（重水）堆、沸水（重水）堆、气冷堆、液态金属冷却堆等；按慢化剂可分为：轻水堆、重水堆、石墨堆等；按燃料增殖性可分为：增殖堆和非增殖堆。

根据燃料类型，核反应堆可分为天然气铀堆、浓缩铀堆、钍堆；根据冷却剂（载热剂）材料分为水冷堆、气冷堆、有机液冷堆、液态金属冷堆；根据慢化剂（减速剂）分为石墨堆、重水堆、压水堆、沸水堆、有机

堆、熔盐堆、铍堆；根据中子能量分为快中子堆和热中子堆；根据中子通量分为高通量堆和一般能量堆；根据热工状态分为沸腾堆、非沸腾堆、压水堆；根据运行方式分为脉冲堆和稳态堆等等。核反应堆概念上可有900多种设计，但就目前的情况来看，现实上非常有限。

◎工作原理

核反应堆是核电站的心脏，接下来我们就了解一下它的工作原理。首先要提一点，原子由原子核与核外电子组成。原子核由质子与中子组成。当铀235的原子核受到外来中子轰击时，一个原子核会吸收一个中子分裂成两个质量较小的原子核，同时放出2～3个中子。这裂变产生的中子又去轰击另外的铀235原子核，引起新的裂变。如此持续进行就是裂变的链式反应。链式反应产生大量热能。用循环水（或其他物质）带走热量才能避免反应堆因过热烧毁。导出的热量可以使水变成水蒸气，推动气轮机发电。由此可知，核反应堆最基本的组成是裂变原子核＋热载体。但是高速中子会大量飞散，这就需要使中子减速增加与原子核碰撞的机会。核反应堆要依人的意愿决定工作状态，这就要有控制设施；铀及裂变产物都有强放射性，会对人造成伤害，因此必须有可靠的防护措施，因此只有这两项是不能工作的。综上所述，核反应堆的合理结构应该是：核燃料＋慢化剂＋热载体＋控制设施＋防护装置。

这里需要特别说明的是，铀矿石要经过精选、碾碎、酸浸、浓缩等程序，制成有一定铀含量、一定几何形状的铀棒才能参与反应堆工作，铀矿石是不能直接做核燃料。

虽然反应堆的类型很多，不过所有的反应堆都主要由活性区、反射层、外压力壳和屏蔽层组成的。活性区又由核燃料、慢化剂、冷却剂和控制棒等组成。下边的内容我们会详细介绍关于慢化剂、冷却剂等的内容。压水堆是现在用于原子能发电站的反应堆中最具竞争力的堆型（约占61%），其次是沸水堆（约占24%），重水堆用的较少（约占5%）。

※ 核反应堆是核电站的心脏

压水堆属于轻水堆，它的主要特点是：首先它用的是价格低廉，到处可以得到的普通水作慢化剂和冷却剂的；其次是为了使反应堆内温度很高的冷却水保持液态，反应堆在高压力（水压约为 15.5 兆帕）下运行，所以叫压水堆；再次，由于用普通水作慢化剂和冷却剂，热中子吸收截面较大，因此不可能用天然铀作核燃料，必须使用浓缩铀（铀－235 的含量为 2%～4%）作核燃料；最后一个主要特点是由于反应堆内的水处于液态，驱动汽轮发电机组的蒸汽必须在反应堆以外产生；这是借助于蒸汽发生器实现的，来自反应堆的冷却水即一回路水流入蒸汽发生器传热管的一侧，将热量传给传热管另一侧的二回路水，使后者转变为蒸汽（二回路蒸汽压力为 6～7 兆帕，蒸汽的温度为 275℃～290℃）。

沸水堆和压水堆一样属于轻水堆，而且它也是用普通水作慢化剂和冷却剂的，不同的是在沸水堆内产生蒸汽（压力约为 7 兆帕），并直接进入气轮机发电，无需蒸汽发生器，也没有一回路与二回路之分，系统特别简单，工作压力比压水堆低。但是沸水堆的蒸汽是带有放射性的，运行时需采取屏蔽措施以防止放射性泄漏。

与沸水堆和压水堆不同的重水堆，它是用重水作慢化剂和冷却剂的，因为其热中子吸收截面远小于普通水的热中子吸收截面，所以可以用天然铀作为重水堆的核燃料。所谓热中子，是指铀－235 原子核裂变时射出的快中子经慢化后速度降为 2200 米/秒、能量约为 1/40 电子伏的中子。热中子引起铀－235 核裂变的可能性，比被铀－238 原子核俘获的可能性大 190 倍。这样，在以天然铀为燃料的重水堆中，核裂变连锁反应可持续进行下去。由于重水慢化中子不如普通水有效，因此重水堆的堆芯比轻水堆大得多，使得压力容器制造变得困难。重水堆仍需配备蒸汽发生器，一回路的重水将热量带到蒸汽发生器，传给二回路的普通水以产生蒸汽。重水堆的最大优点是不用浓缩铀而用天然铀作核燃料，但是在天然水中重水只占 1/6500，重水很难得到是阻碍重水堆发展的重要原因之一。

◎原子分裂的临界、亚临界和超临界状态

铀－235 原子分裂时会（根据分裂方式的不同）释放出两个或三个中子。如果附近没有铀－235 原子，那么这些中子将会以中子射线的方式飞走。如果铀－235 原子是一块铀的一部分——那么附近就有其他铀原子——于是将会发生下面三种情况：1）假如每次裂变正好有一个自由中子击中另一个铀－235 原子核并使它发生裂变，那么这块铀的质量就被认为是临界的。其质量将维持一个稳定的温度。核反应堆必须被维持在临界状

态。2）假如击中另一个铀－235原子的自由中子少于一个，那么这块质量就是亚临界的。最终，物质的诱发裂变会终止。3）假如有超过一个自由中子击中了另一个铀－235原子，那么这块铀的质量就是超临界的，铀会热起来。

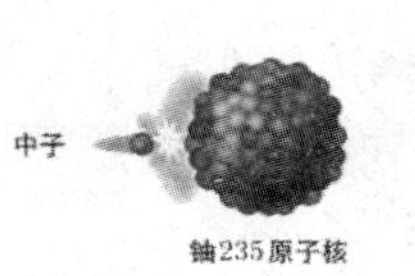

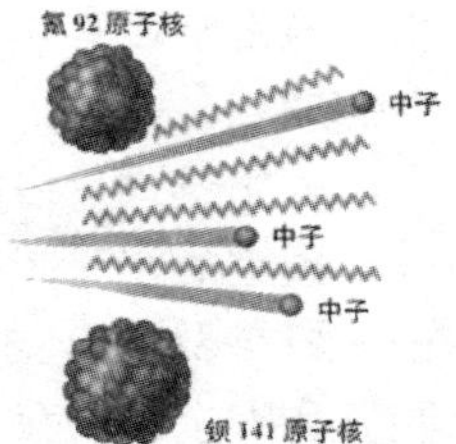

※ 铀－235原子分裂

对于核弹，其设计者要求铀的质量远远超过超临界质量，这样燃料块中的所有铀－235能够在极短的时间内全部发生裂变。在核反应堆中，反应堆堆芯需要稍微超临界，这样工作人员就能控制反应堆的温度。工作人员通过操作控制棒来吸收自由中子，以使反应堆维持在临界水平。

◎核心组件

核燃料裂变反应释放的中子为快中子，而在热中子或中能中子反应堆中要应用慢化中子维持链式反应，我们要介绍的慢化剂就是用来将快中子能量减少，使之慢化成为中子或中能中子的物质。

选择慢化剂要考虑许多不同的要求。一是要考虑核特性：这是指良好的慢化性能和尽可能低的中子俘获截面；然后是价格、机械特性和辐照敏感性。有时慢化剂会兼作冷却剂，即使不是，在设计中两者也是紧密相关的。应用最多的固体慢化剂是石墨，它具有良好的慢化性能和机械加工性能，小的中子俘获截面和价廉等特点。石墨是迄今发现的可以采用天然铀为燃料的两种慢化剂之一；另一种是重水。其他种类慢化剂则必须使用浓缩的核燃料。从核特性看，重水是更好的慢化剂，并且因其是液体，可兼做冷却剂，但是由于重水的稀少，所以它的价格较贵，且系统设计需有严格的密封要求。轻水是应用最广泛的慢化剂，虽然它的慢化性能不如重

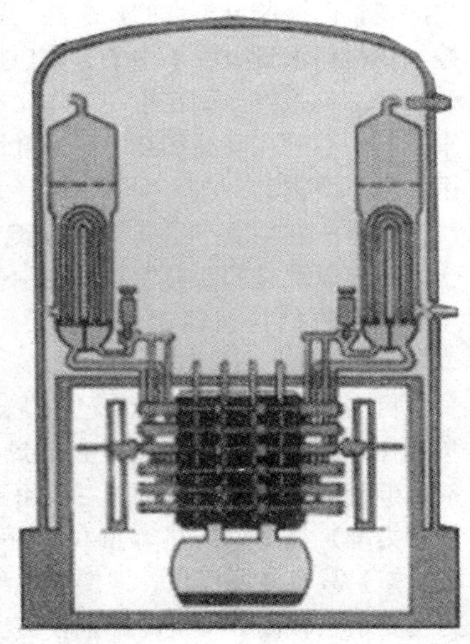

※ 慢化剂

水，但价格便宜。重水和轻水都有产生辐照分解，出现氢、氧的积累和复合的缺点。

为了链式反应的速率控制在一个预定的水平上，需用吸收中子的材料做成吸收棒，称之为控制棒和安全棒。我们要介绍的控制棒在反应堆中所起的作用是补偿和调节中子反应性以及紧急停堆。其热中子吸收截面大，而散射截面小。好的控制棒材料（如铪、镝等）在吸收中子后产生的新同位素仍具有大的热中子吸收截面，因而使用寿命很长。

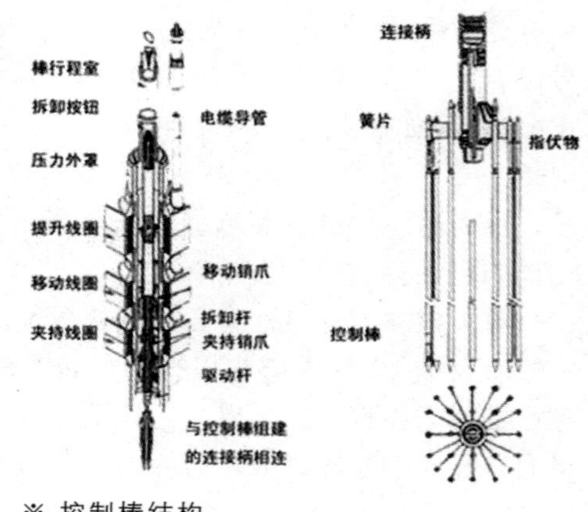

※ 控制棒结构

硼钢、银一铟一镉合金等是核电站常用的控制棒材料。其中含硼材料因资源丰富、价格低，应用较广，但它容易产生辐照脆化和尺寸变化（肿胀）。银一铟一镉合金热中子吸收截面大，是轻水堆的主要控制材料。压水堆中采用棒束控制，控制材料制成棒状，每个棒束都是由 24 根控制棒组成的，它们均匀的分布在 17×17 的燃料组件间。核电站通过专门驱动机构调节控制棒插入燃料组件的深度，以控制反应堆的反应性，紧急情况下则利用控制棒停堆（这时，控制棒材料大量吸收热中子，使自持链式反应无法维持而中止）。

冷却剂是唯一既在堆心工作又在堆外工作的一种反应堆成分，这就要求冷却剂必须在高温和高中子通量场中的工作是稳定的。冷却剂的作用是由主循环泵驱动，在一回路中循环，从堆心带走热量并传给二回路中的工质，使蒸汽发生器产生高温高压蒸汽，以驱动汽轮发电机发电。大多数适合的流体以及它们含有的杂质在中子辐照下将具有放射性，因此冷却剂要用耐辐照的材料包容起来，还要用具有良好射线阻挡能力的材料进行屏蔽。

目前的冷却剂都有着自己的优点和缺点。轻水在价格、处理、抗氧化和活化方面都有优点，但是它的热特性不好；重水是好的冷却剂和慢化剂，但价格昂贵；液态钠（主要用于快中子堆）和钠钾合金（主要用于空间动力堆）具有大的热容量和良好的传热性能；气体冷却剂（如二氧化碳、氦）具有许多优点，但要求比液体冷却剂更高的循环泵功率，系统密封性要求也较高；有机冷却剂较突出的优点是在堆内的激活活性较低，这是因为全部有机冷却剂的中子俘获截面较低，主要缺点是辐照分解率较

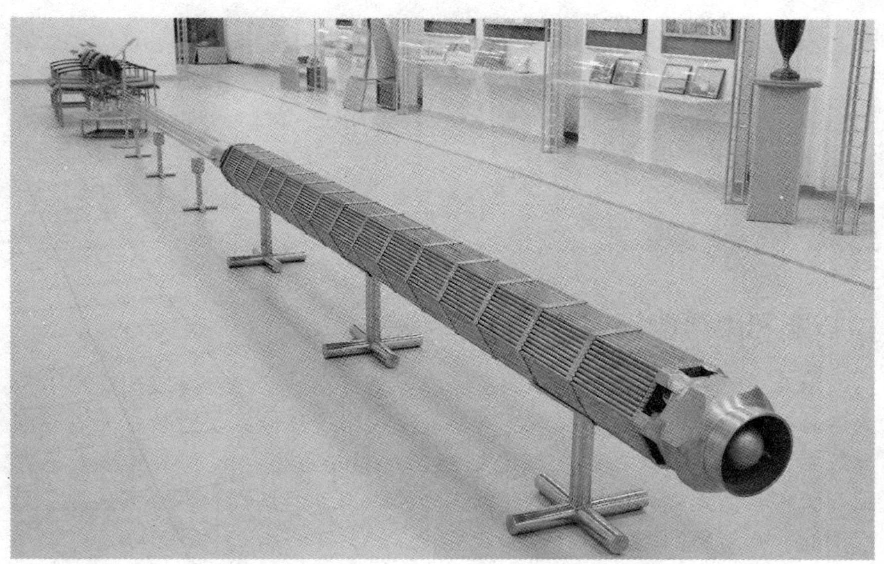

※ 控制棒

大；应用最普遍的压水堆核电站用轻水作冷却剂兼慢化剂。理想的冷却剂应具有优良慢化剂核特性，有较大的传热系数和热容量、抗氧化以及不会产生很高的放射性。

设置屏蔽层的目的是为了防护中子、γ射线和热辐射，必须在反应堆和大多数辅助设备周围。屏蔽层的设计力求造价便宜并节省空间。来自反应堆的γ射线强度很高，被屏蔽体吸收后会发热，因此紧靠反应堆的γ射线屏蔽层中常设有冷却水管。因此对γ射线屏蔽，通常选择钢、铅、普通混凝土和重混凝土。钢的强度最好，但价格较高；铅的优点是密度高，因此铅屏蔽厚度较小；混凝土比金属便宜，但密度较小，因而屏蔽层厚度比其他的都大。某些反应堆堆心和压力壳之间设有热屏蔽，以减少中子引起压力壳的辐照损伤和射线引起压力壳发热。

中子屏蔽需用有较大中子俘获截面元素的材料，通常含硼，有时是浓缩的硼－10。有些屏蔽材料俘获中子后会放射出γ射线，因此在中子屏蔽外要有一层γ射线屏蔽。通常设计最外层屏蔽时应将辐射减到人类允许剂量水平以下，一般称为生物屏蔽。核电站反应堆最外层屏蔽一般选用普通混凝土或重混凝土。

▶知识链接

燃料中铀一235 的含量（浓缩水平）和燃料块的形状决定了铀的临界状况。可以想象，如果燃料是细薄的片状，那么多数自由中子将会飞出去而不是撞击其他的铀一235 原子。球形是最佳的形状。以球形聚集在一起以实现临界反应的铀一235 的量大约为 0.9 千克。这个量因此被称为临界质量。钚一239 的临界质量大约是 283 克。

◎核能利用可能出现的问题

从文章的开始我们就在强调核能发电的非常清洁这一重要的优点。与火电站相比，核电站从环保角度来讲简直可以说是做到了极致。火电站向大气中释放的放射性物质比核电站还多，同时它还向大气中释放大量的碳、硫和其他元素。虽然核能有着这样的优点，但是我们不得不正视其运行中的一些严重问题。

首先，铀的开采和提纯并不是非常清洁的过程。其次，非正常运行的核电站能够带来大问题。依然是那两个给我们敲响警钟的例子：切尔诺贝利灾难以及 2011 年 3 月 12 日地震导致日本福岛县第一和第二核电站发生核泄漏事件，我们确实不得不警醒了。再次，核电站的乏燃料在几百年内都是有毒的，并且到目前为止，世界上没有能安全、永久地存储它们的设施，等等。建设核电站需要注意一系列的问题，现在来看，这些问题似乎在很大程度上，让社会普遍认为建设核电站风险超过了回报。因噎废食的事情我们不能做，只能说，社会的认可需要时间，我们相信科研人员会克服研究上的问题。

拓展思考

1. 根据用途，核反应堆的类型是什么呢？
2. 核反应堆的工作原理是什么呢？
3. 你知道的核心组件有哪些吗？

核反应堆的用途与发展过程

He Fan Ying Dui De Yong Tu Yu Fa Zhan Guo Cheng

核反应堆有许多用途，但归结起来用途主要有两个：一是利用裂变核能，二是利用裂变中子。核裂变时既释放出大量能量、又释放出大量中子。核能主要用于发电，但它在其他方面也有广泛的应用。例如核动力、核能供热等。

核能是一种具有独特优越性的动力。它有不需要空气助燃，便可作为地下、水中和太空缺乏空气环境下的特殊动力，而且它少耗料、高能量，是一种一次装料后可以长时间供能的特殊动力。它可以用到现在很多先进的科技上，例如，它可作为火箭、宇宙飞船、人造卫星、潜艇、航空母舰等的特殊动力。据科学家介绍说将来核动力可能会用于星际航行。现在人类进行的太空探索，还局限于太阳系，故飞行器所需能量不大，用太阳能电池就可以了。如要到太阳系外其他星系探索，核动力恐怕是唯一的选择。美、俄等国一直在从事核动力卫星的研究开发，目的就是把发电能力达上百千瓦的发电设备装在卫星上。由于有了大功率电源，卫星在通信、军事等方面的威力将大大增强。1997 年 10 月 15 日，美国宇航局发射的“卡西尼”号核动力空间探测飞船，它要飞往土星，历时 7 年，行程长达 35 亿千米漫长的旅途。

核能的能量密度大、只需要少量核燃料就能运行很长时间，这在军事上有很大优越性。核动力目前主要用于核潜艇、核航空母舰和核破冰船。尤其是核裂变能的产生不需要氧气，故核潜艇可在水下长时间航行。正因为核动力推进有如此大的优越性，所以几十年来全世界已制造的用于舰船推进的核反应堆数目已达数百座、超过了核电站中的反应堆数目（当然其功率远小于核电站反应堆）。现在核航空母舰、核驱逐舰、核巡洋舰与核潜艇一起，已形成了一支强大的海上核力量。

核能供热是 20 世纪 80 年代才发展起来的一项新技术，这是一种经济、安全、清洁的热源，因而在世界上受到广泛重视。在能源结构上，用于低温（如供暖等）的热源，占总热耗量的一半左右，这部分热多由直接燃煤取得，因而给环境造成严重污染。发展核反应堆低温供热，对缓解供应和运输紧张、净化环境、减少污染等方面都有十分重要的意义。核供热是一种前途远大的核能利用方式，不仅可用于居民冬季采暖，也可用于工业供热。特别是高温气冷堆可以提供高温热源，能用于煤的气化、炼铁等耗热巨大的行业。核能不仅可以供热，还可以用来制冷，通过低温供热堆进行的制冷试验已成功。清华大学在 5 兆瓦的低温供热堆上已经进行过成功的试验。核供热的另一个潜在的大用途是海水淡化。在各种海水淡化方案中，采用核供热是经济性最好的一种。在中东、北非地区，由于缺乏淡水，海水淡化的需求是很大的。核能在工业上还能改进材料性能。

※ 中国首枚原子弹以塔爆方式试爆成功

在军事上应用：1945 年 7 月 6 日，在美国新墨西哥州阿拉莫多尔军事基地，第一颗原子弹试验取得了成功；1945 年 8 月 6 日和 9 日，美国将一颗铀弹和一颗钚弹分别投掷在日本的广岛和长崎，造成两个城市 49 万人丧生，并对城市遗留了久远的辐射污染。1949 年 9 月 22 日，苏联成功引爆原子弹。相继，英国、法国拥有了自己的核武器。后来，美国、苏联、中国分别引爆氢弹。为防止核武器扩散造成的潜在危险性，各国签订了《不扩散条约》以及《全面禁止核武器条约》。从原子弹试爆到氢弹试爆，美国用了 7 年，苏联用了 4 年，英国接近 5 年，法国是 8 年多，但是中国只用了 2 年 8 个月。

核反应堆有一个大用途，就是利用链式裂变反应放出大量的中子。这方面的用途是非常多的，我们这里只举少量几个例子。我们知道，许多稳定元素的原子核如果再吸收一个中子就会变成一种放射性同位素。因此反应堆可用来大量生产各种放射性同位素。放射性同位素在工业、农业、医学上的广泛用途现在几乎是人尽皆知的了。还有，现在工业、医学和科研中经常需用一种带有极微小孔洞的薄膜，用来过滤、去除溶液中的极其细小的杂质或细菌之类。在反应堆中用中子轰击薄膜材料可以生成极微小的孔洞，达到上述技术要求。利用反应堆中的中子还可以生产优质半导体材

料。我们知道在单晶硅中必须掺入少量其他材料，才能变成半导体，例如掺入磷元素。一般是采用扩散方法，在炉子里让磷蒸汽通过硅片表面渗进去。但这样做效果不是很理想，硅中磷的浓度不均匀，表面浓度高里面浓度变低。现在可采用中子掺杂技术。把单晶硅放在反应堆里受中子辐照，硅俘获一个中子后，经衰变后就变成了磷。由于中子不带电、很容易进入硅片的内部，所以用这种办法生产的硅半导体性质优良。

※ 核能装置

利用反应堆产生的中子可以治疗癌症。因为许多癌组织对于硼元素有较多的吸收，而且硼又有很强的吸收中子的能力。当硼被癌组织吸收以后，经中子照射，硼就会变成锂并放出 α 射线。α 射线可以有效杀死癌细胞，治疗效果要比从外部用 γ 射线照射好。反应堆里的中子还可以用于中子照相或者说中子成像。中子易于被轻物质散射，所以中子照相用于检查轻物质（例如炸药、毒品等）非常有效，如果用 x 光或超声成像则检查不出来。

◎发展过程

早在 1929 年科克罗夫特就利用质子成功地实现了原子核的变换。但是用质子引起核反应需要消耗非常多的能量，使质子和目标的原子核碰撞命中的机会也非常少。

1938 年德国人奥托·哈恩和休特洛斯二人成功地使中子和铀原子发生了碰撞。这项实验有着十分重大的意义，它不仅使铀原子简单地发生了分裂，而且裂变后总的质量减少，同时放出能量。最重要的是铀原子裂变时，除了裂变碎片之外还射出 2～3 个中子，这个中子又可以引起下一个铀原子的裂变，从而发生连锁反应。

1939 年 1 月用中子引起铀原子核裂变的消息传到费米的耳朵里，当时他已逃亡到美国哥伦比亚大学，费米不愧是个天才科学家，他一听到这个消息，马上就直观地设想了原子反应堆的可能性，并开始为它的实现而努力。费米组织了一支研究队伍，对建立原子反应堆问题进行彻底的研究。费米与助手们一起，常常通宵不眠地进行理论计算，思考反应堆的形状设计，有时还要亲自去解决石墨材料的采购问题。

※ 核反应堆的发展过程

1942 年 12 月 2 日，在美国芝加哥大学足球场的一个巨大石墨型反应堆前面，费米的研究组人员全体集合在这里。这时由费米发出信号，紧接着从那座埋没在石墨之间的 7 吨铀燃料构成的巨大反应堆里，控制棒缓慢地被拔出来，接着计数器发出了咔嚓咔嚓的响声，当控制棒上升到一定程度的时候，计数器的声音响成了一片，这说明连锁反应开始了。这是人类第一次释放并且控制了原子能的时刻。

1954 年，苏联建成世界上第一座原子能发电站利用浓缩铀作为燃料，采用石墨水冷堆，电输出功率为 5000 千瓦。1956 年英国也建成了原子能电站。原子能电站的发展并不是一帆风顺的，不少人对核电站的放射性污染问题感到忧虑和恐惧，因此出现了反核电运动。其实，在严格的科学管理之下，原子能是非常安全的能源。原子能发电站周围的放射性水平，实际上同天然本底的放射性水平差不多。

1979 年 3 月美国三里岛原子能发电站因为操作错误和设备失灵的问题，造成了原子能开发史上前所未有的严重事故。然而，由于反应堆的停堆系统、应急冷却系统和安全壳等安全措施发挥了作用，所以最终放射性外逸量微乎其微，人和环境并没有受到太大的影响，这充分说明现代科技的发展已经能够保证原子能的安全利用。

※ 核反应堆里的液体

总之，由于反应堆是一个巨大的中子源，因此是进行基础科学和应用科学研究的一种有效工具。目前它的应用领域日益扩大，而且应用潜力也非常大，有待人们的进一步开发。

知识链接

苏联于1954年建成了世界上第一座原子能发电站，掀开了人类和平利用原子能的新篇章。英国和美国分别于1956年和1959年建成原子能发电站。到2004年9月28日，在世界上31个国家和地区，有439座发电用原子能反应堆在运行，总容量为364.6百万千瓦，约占世界发电总容量的16%。其中，法国建成59座发电用原子能反应堆，原子能发电量占其整个发电量的78%；日本建成54座，原子能发电量占其整个发电量的25%；美国建成104座，原子能发电量占其整个发电量的20%；俄罗斯建成29座，原子能发电量占其整个发电量的15%。我国于1991年建成第一座原子能发电站，包括这一座在内，现在投入运行的有9座发电用原子能反应堆，总容量为660万千瓦。我国还有2座反应堆在建设中。我国还为巴基斯坦建成一座原子能发电站。

◎分代标志

第一代（GEN－I）核电站是早期的原型堆电站，即1950～1960年前期开发的轻水堆（Light Water Reactors，LWR）核电站，如德累斯顿（Dresden）沸水堆（Boiling Water Reactor，BWR）、美国的希平港（Shipping Port）压水堆（Pressurized Water Reactor，PWR）以及英国的镁诺克斯（Magnox）石墨气冷堆等。

第二代（GEN－Ⅱ）核电站是1960年后期到1990年前期在第一代核电站基础上开发建设的大型商用核电站，如加拿大坎度堆（CANDU）、LWR（PWR，BWR）、苏联的压水堆VVER/RBMK等。目前世界上的大多数核电站都属于第二代核电站。

第三代（GEN－Ⅲ）是指先进的轻水堆核电站，即1990年后期到2010年开始运行的核电站。第三代核电站采用标准化、最佳化设计和安全性更高的非能动安全系统，如先进的沸水堆（Advanced Boiling Water Reactors，ABWR）、系统80＋、AP600、欧洲压水堆（European Pressurized Reactor，EPR）等。

第四代（GEN－Ⅳ）是待开发的核电站，其目标是到2030年达到实用化的程度，主要特点是经济性高（与天然气火力发电站相当）、安全性好、废物产生量小，并且能够防止核扩散。

◎未来发展方向

1. 核能的可持续发展

通过对核燃料的有效利用，实现提供持续的生产能源；实现核废物量排出的最少化，加强管理，减轻长期管理事务，保证公众健康，保护环境。

2. 提高安全性、可靠性

确保更高的安全性以及可靠性；大幅度降低堆芯损伤的概率及程度，并且具有快速恢复反应堆运行的能力；加强在厂址外采取应急措施的必要性。

3. 提高经济性

发电成本优于其他能源；资金的风险水平能与其他能源相比。

4. 防止核扩散

利用反应堆系统本身的特性，在商用核燃料循环中通过处理的材料，对于核扩散具有更高的防止性，保证难以用于核武器或者被盗窃；为了评价核能的核不扩散性，DOE 针对第四代核电站正在开发定量评价防止核扩散的方法。

拓展思考

1. 核能具有什么动力呢？
2. 核反应堆的发展过程是什么呢？
3. 核反应堆的未来发展方向是什么呢？

第四章 核武器

核武器系统，一般是由核战斗部、投射工具和指挥控制系统等部分构成，核战斗部是其主要构成部分。核战斗部亦称核弹头，并常与核装置、核武器这两个名称相互代替使用。实际上，核装置是指核装料、其他材料、起爆炸药与雷管等组合成的整体，可用于核试验，但通常还不能用作可靠的武器；核武器则指包括核战斗部在内的整个核武器系统。

什么是核武器

Shen Me Shi He Wu Qi

核武器是指利用能自持进行核裂变或聚变反应释放的能量，产生爆炸作用，并且具有大规模杀伤破坏效应的武器的总称。核武器包括氢弹、原子弹、中子弹、三相弹、反物质弹等。其中主要利用铀 235（U－235）或钚 239（239Pu）等重原子核的裂变链式反应原理制成的裂变武器，通常称为原子弹；主要利用重氢（D，氘{dāo}）或超重氢（T，氚{chuān}）等原子核的热核反应原理制成的热核武器或聚变武器，通常称为氢弹。

※ 核武器爆炸

煤、石油毒素矿物燃料燃烧时释放的能量，来自于碳、氢、氧的化合反应。一般化学炸药如梯恩梯（TNT）爆炸时释放的能量，来自化合物的分解反应。在这些化学反应里，碳、氢、氧、氮等原子核都没有发生变化，只是各个原子之间的组合状态有了变化。核反应与化学反应不一样。在核裂变或核聚变反应里，参与反应的原子核都转变为其他原子核，原子也发生了变化。因此人们习惯上称这类武器为原子武器。但实质上是原子核的反应与转变，所以称核武器更加确切。

核武器爆炸时释放的能量，比装化学炸药的常规武器要大很多。例如，1 千克铀全部裂变释放的能量约为 8×10^{13} 焦耳，比 1 千克 TNT 炸药爆炸释放的能量 4.19×10^{6} 焦耳约大 2000 万倍。因此，核武器爆炸释放的总能量，也就是其威力的大小，常用释放相同能量的 TNT 炸药量来表示，称为 TNT 当量。美、俄等国装备的各种核武器的 TNT 当量，小的

仅有 1000 吨，有些甚至更低。目前已有微型核武器，爆炸当量在几十吨；大的达 1000 万吨，前苏联曾经试爆过 5000 万吨当量的氢弹。

核武器爆炸，不仅能够释放出巨大的能量，而且核反应过程十分迅速，微秒级的时间内就可以完成。因此，在核武器爆炸周围不大的范围内就会形成极高的温度，加热并压缩周围的空气使之急速膨胀，产生高压冲击波。地面和空中核爆炸，还会在周围空气中形成火球，发出很强的光辐射。核反应还会产生各种射线和放射性的物质碎片，向外辐射的强脉冲射线与周围物质相互作用，造成电流的增长和消失过程，最终产生电磁脉冲。与化学炸药爆炸不同，核武器具备特有的强冲击波、光辐射、早期核辐射、放射性沾染和核电磁脉冲等杀伤破坏的特点。核武器的出现，对现代战争的战略战术产生了十分重大的影响。

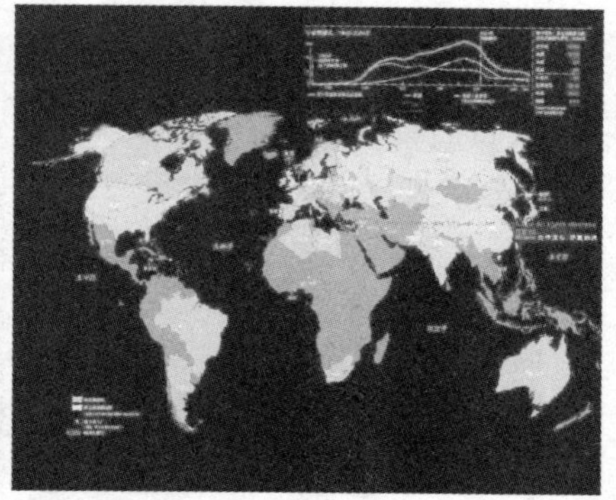

※ 核电站分布图

▶知识链接

由核战斗部、投射工具和指挥控制系统等部分构成的，核战斗部是其主要构成部分。核战斗部也称为核弹头，并常与核装置、核武器这两个名称相互代替使用。实际上，核装置是指核装料、其他材料、起爆炸药与雷管等组合成的整体，可用于核试验，但通常还不能用作可靠的武器。核武器则指包括核战斗部在内的整个核武器系统。

◎历史

核武器为什么出现在 20 世纪 40 年代前后的时候，科学技术上一个重大发展的结果就是这样的。1939 年初，德国化学家 O. 哈恩和物理化学家 F. 斯特拉斯曼发表了关于铀原子核裂变现象的论文。几个星期内许多国家的科学家验证了这一发现，并进一步提出了有可能创造这种裂变反应自持进行的条件，从而开辟了利用这一新能源为人类创造财富的广阔前景。但是同历史上许多科学技术新发现一样，核能的开发也被首先用于军事目的，即制造威力巨大的原子弹，其进程受到当时社会与政治条件的影响和制约。自 1939 年开始的时候，也就是法西斯德国扩大侵略战争的时候，欧洲许多国家开展科研工作日益困难。同年 9 月初，丹麦物理学家 N. H. D. 玻尔和他的合作者 J. A. 惠勒从理论上阐述了核裂变反应过程，并指出能引起这一反应的最好元素是同位素铀 235。正当这一有指导意义的研究成果发表时，英、法两国向德国宣战。在 1940 年的夏季的时候，法国被德军占领。法国物理学家 J. F. 约里奥·居里领导的一部分科学家被迫移居国外。英国曾制订计划进行这一领域的研究，但由于战争影响，人力物力短缺，后来也只能采取与美国合作的办法，派出以物理学家 J. 查德威克为首的科学家小组。其中去美国参加原子弹研制工作的是一位物理学家，这个物理学家叫 J. R. 奥本海默。

※ 核能标志

在美国的时候，从欧洲迁来的匈牙利物理学家齐拉德·莱奥最先想到，一旦法西斯德国掌握原子弹技术可能会给战争带来严重后果。经他和另几位从欧洲移居美国的科学家奔走推动，于 1939 年 8 月由物理学家 A. 爱因斯坦写信给美国第 32 届总统 F. D. 罗斯福，建议研制原子弹，才引起美国政府的注意。但开始只拨给经费 6000 美元，直到 1941 年 12 月日本袭击珍珠港后，才扩大规模，到 1942 年 8 月发展成代号为“曼哈顿工程区”的庞大计划，直接动用的人力约 60 万人，投资 20 多亿美元。到第二次世界大战即将结束时制成 3 颗原子弹，使美国成为第一个拥有原子弹的国家。要制造原子弹需要具备哪些条件呢？解决武器研制中的一系列科学技术问题是最先要考虑的，同时生产出必需的核装料铀 235、钚 239 也是不可缺少的条件。

在天然铀中同位素中，其中铀 235 的丰度有 0.72%，根据原子弹设计要求必须提高到 90%以上。当时美国经过多种途径探索研究与比较后，采取了电磁分离、气体扩散和热扩散三种方法生产这种高浓铀。供一颗“枪法”原子弹用的几十千克高浓铀，是靠电磁分离法生产的。建设电磁分离工厂的费用约为 3 亿美元（磁铁的导电线圈是用从国库借来的白银制造的，其价值尚未计入）。钚 239 要在反应堆内用中子辐照铀 238 的方法制取。供两颗“内爆法”原子弹用的几十千克钚 239，是用 3 座石墨慢

化、水冷却型天然铀反应堆及与之配套的化学分离工厂生产的。以上事例可以说明当时的工程规模。由于美国的工业技术设施与建设没有受到战争的直接威胁，又掌握了必需的资源，集中了一批国内外的科技人才，使它能够快速地实现原子弹研制计划。

※ 原子核爆炸

德国的科学技术，当时处于领先地位。1942 年以前德国在核技术领域的水平与美、英大致相当，但是后来落后了。美国的第一座试验性石墨反应堆，在物理学家 E. 费密领导下，于 1942 年 12 月建成并且达到临界；而德国采用的是重水反应堆，生产钚 239，到 1945 年初才建成一座不大的次临界装置。为了生产高浓铀，德国曾着重于高速离心机的研制，由于空袭和电力、物资缺乏等原因，进展得十分缓慢。其次，A. 希特勒迫害科学家，以及有的科学家持不合作态度，是这方面工作进展不快的另一原因。更主要的是，德国法西斯头目过于自信，认为战争可以很快结束，不需要花费太大力气去研制还没有把握的原子弹，先是不予支持，后来再抓已经是困难重重，研制工作最终失败。

◎投向长崎的原子弹“胖子”

1945 年 5 月德国投降后，美国的很多知道“曼哈顿工程”内幕的人士，包括以物理学家 J. 弗兰克为首的一大批从事这一工作的科学家，他们反对用原子弹轰炸日本城市。当时日本侵略军受到中国人民长期抗战的有力打击，实力大大削弱。美、英在太平洋地区的进攻，几乎全部摧毁了日本海军，海上封锁使日本国内的物资供应非常匮乏。第二次世界大战的时候，通过硫磺岛一战，美国如果要彻底打垮日本，在日本本土登陆，至少还要付出 100 万美军的牺牲。这样沉重的包袱美国背不起，也不想背，因此，用原子弹是最好的方式。

8 月 6 日、9 日，美国先后在日本的广岛和长崎投下了仅有的两颗原子弹，代号分别为“小男孩”和“胖子”。据史料记载，美国在日本投下的原子弹有 3 颗，实际爆炸的是小男孩和胖子，第 3 颗由于技术原因没有爆炸，被日军回收。原本日本也要发展原子弹，但研究设施在美军轰炸中毁坏，于是把原子弹以一定条件转让给苏联，苏联根据这颗原子弹的设计在短时间内设计出了苏联的第一颗原子弹。

苏联在1941年6月遭受德军入侵前，也曾经进行过研制原子弹的工作。铀原子核的自发裂变，是在这一时期内由苏联物理学家T. H. 弗廖罗夫和K. A. 佩特扎克发现的。卫国战争爆发以后，研制工作被迫中断，直到1943年初才在物理学家H. B. 库尔恰托夫的组织领导下逐渐恢复，并在战后开始加速进行。1949年8月，苏联进行了原子弹试验。1950年1月美国总统H. S. 杜鲁门下令加速研制氢弹。1952年11月美国进行了以液态氘为热核燃料的氢弹原理试验，但该实验装置十分笨重，不能用作武器。1953年8月苏联进行了以固态氘化锂6为热核燃料的氢弹试验，使氢弹的实用成为可能。美国在1954年2月进行了类似的氢弹试验。英国、法国先后在20世纪50和60年代也各自进行了原子弹与氢弹试验。

中国在开始全面建设社会主义时期，基础工业有了一定的发展，接着便着手准备研制原子弹。1959年开始起步时，国民经济发生严重困难。同年6月，苏联政府撕毁中苏在1957年10月签订的关于国防新技术协定，随后便撤走了专家，中国决心完全依靠自己的力量来完成这一任务。中国首次试验的原子弹以“596”作为代号，就是以此激励全国军民大力协同做好这项工作。1964年10月16日，首次原子弹试验成功。经过两年多，1966年12月28日，小当量的氢弹原理试验成功。半年之后，即1967年6月17日，成功地进行了百万吨级的氢弹空投试验。中国坚持独立自主、自力更生的方针，在世界上以最快的速度完成了核武器

※ 中国首次试验的原子弹取“596”

※ 长崎的原子弹“胖子”

这两个发展阶段的任务。

1945 年 8 月 6 日和 9 日，在第二次世界大战结束的前夕，美国空军在日本的广岛和长崎接连续投掷了两枚原子弹。这场人类有史以来的巨大灾难，造成了 10 万多日本平民死亡和 8 万多人受伤。原子弹的空前杀伤和破坏威力，震惊了整个世界，也使人们对利用原子核的裂变或聚变的巨大爆炸力而制造出的武器有了一个全新的认识。

目前，人们通常所说的核武器是指利用原子核的裂变或聚变所产生的巨大能量和破坏力制造出的具有巨大杀伤力的武器，也就是指利用能自行维持原子核裂变或聚变链式反应瞬间释放的能量产生爆炸作用，并具有大规模杀伤破坏效应的武器。

裂变核武器的基本原理是使一定量的铀—235 或钚—239 从亚临界态向超临界态转变，也就是使核装置产生中子的速度大于中子从核装置逸出的速度。有两种方法可以实现这种转变：一种方法是把核装置分成两部分，而每一部分都小到不足以具有中子正增殖率，然后用炮式设备把两部分击成一块；另一种方法就是用烈性化学炸药包住处于亚临界态的球形核装置，通过引爆将核装置压成超临界态。

聚变核武器是使氢的同位素氘或氚化锂这类热核燃料中产生起爆条件，用裂变核弹的方法使核武器中的热核燃料具有 10000000℃～20000000℃高温，从而引起核聚变。

原子弹和氢弹通常以千吨或兆吨梯恩梯（TNT）当量作为单位来表示。例如 1945 年美国投在广岛的裂变核弹，不到 50 千克的铀释放出来的能量相当于 2 万吨的化学炸药。各种聚变核弹即热核弹（氢弹），它的威力最高可达 60 兆吨。据计算，在核武器爆炸时，1 千克铀—235 全部裂变释放的能量相当于 2 万吨 TNT 释放的能量，而 1 千克氘和氚的混合物完全聚变时放出的能量大约是 1 千克铀—235 完全裂变所放出能量的 3～4 倍。

拓展思考

1. 核武器包括什么？
2. 核武器的系统是什么？
3. 核武器的出现，是什么时期科学技术重大发展的结果？

核武器的分类和研制

He Wu Qi De Fen Lei He Yan Zhi

美国对日本投下的两颗原子弹，是用飞机作为运载工具的，以带降落伞的核航弹形式。后来，随着武器技术的发展，已经形成多种核武器系统，包括巡航核导弹、弹道核导弹、反导弹核导弹、防空核导弹、反潜核火箭、深水核炸弹、核炮弹、核航弹、核地雷等。其中配有多弹头的弹道核导弹，以及各种发射方式的巡航核导弹，是美、苏两个国家装备的主要核武器。

通常将核武器按照作战使用的不同划分为两大类，即用于袭击敌方战略目标和防御己方战略要地的战略核武器，和主要在战场上用于打击敌方战斗力量的战术核武器。苏联还划分有“战役战术核武器”。核武器的分类方法，与地理条件、社会政治因素有关，并不是非常严格的。自20世纪70年代末以后，美国官方文件很少使用“战术核武器”，代替它的有“战区核武器”、“非战略核武器”等，并把中远程、中程核导弹也归为这一类。

已经生产并装备部队的核武器，按照核战斗部设计看，主要有原子弹和氢弹两种类型。至于核武器的数量，并没有准确的公布数字，有关研究机构的估计数字也不同。按近几年的资料综合分析，到80年代中期，美、苏两国总计有核战斗部50000枚左右，占全世界总数的95%以上。其TNT当量，总计约为120亿吨左右。而第二次世界大战期间，美国在德国和日本投下的炸弹，总计约为200万吨TNT，只相当于美国B－52型轰炸机携载的2枚氢弹的当量。从这一粗略比较可以看出核武器库贮量十分庞大。美苏两国进攻性战略核武器（包括洲际核导弹、潜艇发射的弹道核导弹、巡航核导弹和战略轰炸机）在数量和当量上相比，美国在投射工具（陆基发射架、潜艇发射管、飞机）总数和TNT当量总值上均少于苏联，但在核战斗部总枚数上却多于苏联。考虑到核爆炸对目标的破坏效果同当量大小不是简单的比例关系，另一种估算办法就是以一定的冲击波超压对应的破坏面积来度量核战斗部的破坏能力，也就是取核战斗部当量值（以百万吨为计算单位）的2/3次方为其“等效百万吨当量”值（也有按目标特性及其分布和核攻击规模大小等不同情况，选用小于2/3的其它方次的），再按各种核战斗部的枚数累计算出总值。按照这种方法估算，比

较美、苏两国的战略核武器破坏能力，由于当量小于百万吨的核战斗部枚数，美国多于苏联，两国的差距并不是很大。但是自从 20 世纪 80 年代以来，随着苏联在分导式多弹头导弹核武器上的发展，这一差距也在不断扩大。而对点（硬）目标（见点目标）的破坏能力，则核武器投射精度起着更加重要的作用，由于在这方面美国一直领先，所以美国仍处于优势。

除了美国、苏联、英国、法国和中国已掌握核武器外，印度在 1974 年进行过一次核试验，巴基斯坦 1998 年 5 月 29 日首次核试验成功，朝鲜 2006 年 10 月 9 日首次核试验成功。一般认为，掌握必要的核技术并且具有一定工业基础及经济实力的国家，也完全有可能制造原子弹。

◎研制和试验

除了铀 235、钚 239 等核材料的生产外，核战斗部本身的研制，必须与整个核武器系统的研制程序协调一致。研制过程大致如下：首先从设想阶段开始；经过关键技术课题和部件的预先研究或可行性研究，形成包括重量、尺寸、形式、威力、核材料、核试验要求、研制工期、经费等内容的几种设计方案；然后经过论证比较和评价，选定设计方案，确定战术技术指标；接着进行型号研究设计、各种模拟试验；工艺试验与试制，通过核试验检验设计的合理性，最后达到设计定型、工艺定型与批准生产。进行这些工作，必须有专门的科技队伍，并且配备必要的试验场所，包括核试验场。武器交付部队后，研制和生产部门还要提供维护、修理、更换部件等服务工作，按反馈的信息进行必要的改进，并负责其退役处理或更新。

如果想要做好核战斗部的设计，必须深入了解它的反应过程，弄清核反应必须具备的条件和各种物理参数，掌握其中多种因素的内在联系与变化规律。因此，就要进行原子核物理、中子物理、高温高压凝聚态物理、超音速流体力学、爆轰学、计算数学和材料科学等多学科的一系列科学技术问题的研究，而核战斗部的研制实践又会反过来带动和促进这些学科的发展。在研制的过程中，以下环节起着十分重要作用：①要用快速的、大容量电子计算机进行反应过程的理论研究计算，这种计算应该尽可能接近实际情况，这样就可以从多种设想或设计方案中找出最优方案，从而节省费用而且减少核试验次数。20 世纪 40 年代以来，推动电子计算机技术迅速发展的重要因素之一，正是由于核武器研制的需要。②要按照方案或指标要求，反复进行多方面的模拟试验，包括化学炸药爆轰试验，材料与强度试验，环境条件试验，控制、点火与安全试验等。这些都是为达到核武器高度可靠和安全所必不可少的。③要进行必要的核试验。无论是电子计算机上的大量计算，还是相应的模拟试验，总不能达到百分之百地符合核武器方案的真实情况。特别是氢弹聚变反应所必需的高温条件，只能由裂变反应来提供（利用激光或粒子束的惯性约束技术来创造这种模拟试验条件，直到 20 世纪 80 年代初仍然处于研究阶段）。因此，是否能够达到设计要求，还必须通过核装置本身的爆炸试验进行检验。当然，核试验所起的作用并不是如此。正是由于核试验在核武器研制中起着十分关键的作用，在 1963 年美、苏两国为限制其他国家研制核武器，签订了一个并不禁止进行地下核试验的《禁止在大气层、外层空间和水下进行核武器试验条约》。1974 年，又签订了一个仍然适合它们需要的限制地下核试验当量的条约。按照爆炸的环境可以分为：

1. 大气层爆炸

在裸露的大气层环境下进行核爆试验，这种爆炸破坏性最大（体现在对人的影响）。在没有很好的躲避设施的环境下十几平方千米内的人都会遭受严重创伤甚至死亡。

2. 地下核爆

地下实验一般属于科学实验，也有军事专家认为，可以通过地下核爆，人为的给敌对国造成地震、海啸等自然灾害。不过这种破坏是非常难控制的，因此并没有得到很多军事专家的认同。

3. 水下核爆

水下核爆主要是在大海里进行试验。美国在 20 世纪 50 年代曾经进行过，爆炸后所有的船只都没能抵抗住核弹的巨大爆炸威力。当然，核爆试验也给当地的自然生态环境造成了极其恶劣的损伤。

◎发展趋势

随着核武器投射工具准确性的提高，自 20 世纪 60 年代以来，核武器的发展，首先是核战斗部的重量、尺寸虽大幅度减小但仍保持一定的威力，也就是比威力（威力与重量的比值）有了显著提高。例如，美国在长崎投下的原子弹，重量约 4.5 吨，威力约 2 万吨；70 年代后期，装备部队的“三叉戟”Ⅰ潜地导弹，总重量约 1.32 吨，共 8 个分导式子弹头，每个子弹头威力为 10 万吨，它的威力同长崎投下的原子弹相比，提高了 135 倍左右。还有威力更大的热核武器。

一般认为核武器的发展或许已经接近客观实际所容许的极限。自 20 世纪 70 年代以来，核武器系统的发展更着重于提高武器的生存能力和命中精度，如美国的“和平卫士/MX”洲际导弹、“侏儒”小型洲际导弹、

“三叉戟”Ⅱ潜地导弹，苏联的SS－24、SS－25洲际导弹，在这些方面都有着较大的改进和提高。

※ 核武器——导弹

其次核战斗部及其引爆控制安全保险分系统的可靠性，以及适应各种使用与作战环境的能力，也有很大的改进和提高。美、苏两国还研制了适合战场使用的各种核武器，如可变当量的核战斗部，多种运载工具通用的核战斗部，甚至设想研制当量只有几吨的微型核武器。特别是在核战争环境中如何提高核武器的抗核加固能力，以防止敌方的破坏这一设想，更受到普遍重视。此外，由于核武器的大量生产和部署，它的安全性也引起了各国的关注。

核武器的另一发展动向，是通过设计调整其性能，按照不同的需要，增强或削弱其中的某些杀伤破坏因素。“增强辐射武器”与“减少剩余放射性武器”都属于这一类。前一种将高能中子辐射所占份额尽可能增大，使之成为主要杀伤破坏因素，通常称为中子弹；后一种将剩余放射性减到最小，突出冲击波、光辐射的作用，但这类武器仍然属于热核武器范畴。至于20世纪60年代初曾引起广泛议论的所谓“纯聚变武器”，20多年来虽然做了不少研究工作，例如大功率激光引燃聚变反应的研究，80年代还在继续进行，但是还看不出制成这种武器的现实可能性。

核武器的实战应用，虽然仍限于它问世时的两颗原子弹，但由于几十年来核武器本身的发展，以及与它有关的多种投射或运载工具的发展与应用，特别是通过上千次核试验所积累的知识，人们对于核武器特有的杀伤破坏作用，已经有较深的认识，并探讨实战应用的可能方式。美、苏两国都制订并且多次修改了强调核武器重要作用的种种战略。

有矛必有盾。在不断改进和提高进攻性战略核武器性能的同时，美、苏两国也在一直寻求能有效地防御核袭击的手段和技术。除了提高核武器系统的抗核加固能力，采取广泛构筑地下室掩体和民防工程等以减少损失的措施外，对于更有效的侦察、跟踪、识别、拦截对方核导弹的防御技术开发研究工作也从来没有停止过。60年代，美、苏两国曾部署以核反核的反导弹系统。1972 年 5 月美、苏两国签订了《限制反弹道导弹系统条约》。不久，美国停止“卫兵”反导弹系统的部署。1984 年初，美国宣称已经制订了一项包括核激发定向能武器、高能激光、中性粒子束、非核拦截弹、电磁炮等多层拦截手段的“战略防御倡议”。尽管对这种防御系统的有效性还存在着争议，但是可以肯定的是，美、苏对核优势的争夺仍将持续下去。

核武器拥有巨大的破坏力和独特的作用，与其说它可能会改变未来全球性战争的进程，不如说它已经在对现实国际政治斗争不断地产生影响。70 年代末，美国宣布研制成功中子弹，它最适合于战场，理应属于战术核武器范畴，但是却受到几乎是世界范围的强烈反对。从这一事例也可以看出，核武器所涉及斗争的复杂性。中国政府在爆炸试验第一颗原子弹时就发表声明：中国发展核武器，并不是由于相信核武器的万能，要使用核武器。恰恰相反，中国发展核武器，是被迫而为的，是为了防御，为了打破核大国的核垄断、核讹诈，为了防止核战争，消灭核武器。此后，中国政府又多次郑重宣布：在任何时候、任何情况下，中国都不会首先使用核武器，并且中国就如何防止核战争问题一再提出了建议。中国的这些主张已逐渐得到越来越多的国家和人民的赞同和支持。

知识链接

·参考书目·

赵忠尧、何泽慧、杨承宗主编：《原子能的原理和应用》，科学出版社，北京，1965。

托马斯·B. 科克伦等著，柯情山等译：《核武器手册》，解放军出版社，北京，1985。（ThomasB. Cochran，WilliamM. Arkin，and MiltonM. Hoenig，Nuclear Weapons Databook，U. S. Nuclear Forcesand Capabilities，Natural Resources Defense Council Inc.，1984.）

贝特朗·戈尔德施密特著，高强、路汉恩译：《原子竞争 1939～1966》，原子能出版社，北京，1984。（Bertrand Goldschmidt，Les Rivalités Atomiques 1936～1966，Fayard，1967.）

罗伯特·容克著，何纬译：《比一千个太阳还亮》，原子能出版社，北京，1980。（Robert Jungk，Hellera lstausend Sonnen，1956.）

拓展思考

1. 美国对日本投下的两颗原子弹，是以什么形式，用飞机作为运载工具的呢？

2. 按照爆炸的环境可分为什么？

3. 中国政府在爆炸试验第一颗原子弹时发表了什么声明？

原子弹的历史

Yuan Zi Dan De Li Shi

瞬间就可以释放出巨大能量的核武器，又称为裂变弹。原子弹的威力通常为几百至几万吨级梯恩梯当量，有着巨大的杀伤破坏力。它可以由不同的运载工具携载而成为核导弹、核航空炸弹、核地雷或核炮弹等，或者用作氢弹中的初级(或称扳机)，为点燃轻核引起热核聚变反应提供必需的能量。

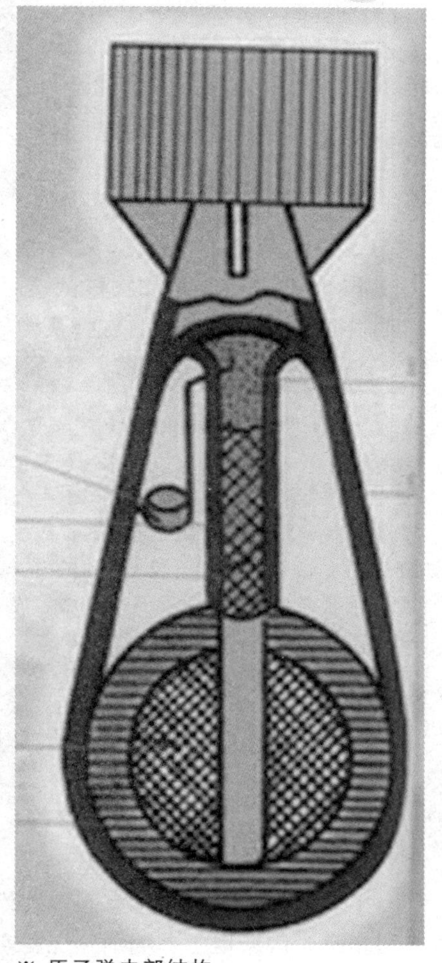
※ 原子弹内部结构

原子弹主要由引爆控制系统、由核装料组成的核部件、高能炸药、反射层、中子源和弹壳等部件组成。引爆控制系统用来引爆高能炸药；高能炸药是推动、压缩反射层和核部件的能源；反射层是由铍或铀－238构成的。铀－238不仅能够反射中子，而且密度比较大，可以减缓核装料在释放能量过程中的膨胀，使链式反应维持较长的时间，从而能提高原子弹的爆炸威力。核装料主要是铀－235或钚－239。

为了触发链式反应，必须有中子源提供“点火”中子。核爆炸装置的中子源可以采用氘氚反应中子源、钚－238原子弹爆炸铍源、钋－210－铍源和锎－252自发裂变源等。原子弹爆炸产生的高温高压以及各种核反应产生的中子、γ射线和裂变碎片，最终会形成冲击波、光辐射、早期核辐射、放射性沾染和电磁脉冲等杀伤破坏因素。原子弹是将科学技术的最新成果迅速应用到军事上的一个比较突出的例子。1939 年 10 月，美国政府决定研制原子弹，1945 年造出了 3 颗。一颗用于试验，两颗投在日本。其他国家爆炸第一颗原子弹的时间是：苏联——1949 年 8 月 29 日；英国——1952 年 10 月 3 日；法国——1960 年 2 月 13 日；中国——1964 年 10 月 16 日；印度——1974 年 5 月 18 日。中国第一次核试验以塔爆方式进行，用的是“内爆法”铀弹。1965 年 5 月 14 日在第二次核试验时，核装置用飞机空投。1966 年 10 月 27 日在第四次核试验时，核弹头由导弹运载。

※ 原子弹的威力很大

▶知识链接

自 1945 年原子弹问世以来，原子弹技术不断在发展，体积、重量显著减小，战术技术性能日益提高。原子弹小型化对于提高核武器的战术技术性能和用作氢弹的起爆装置（也称“扳机”）具有非常重要的意义。为了适应战场使用的需要，发展了多种低当量和威力可调的核武器。为改进原子弹的性能，发展了加强型原子弹，即在原子弹中添加氘或氚等热核装料，利用核裂变释放的能量点燃氘或氚，发生热核反应，而反应中所放出的高能中子，又使更多的核装料裂变，从而使威力增大。这种原子弹与氢弹不同，它的热核装料释放的能量只占总当量的一小部分。高能炸药的起爆方式和核爆炸装置结构也在不断改进，目的是提高炸药的利用效率和核装料的压缩度，从而增大威力，节省核装料。此外，提高原子弹的突防和生存能力以及安全性能，也日益受到重视。

◎原子弹的历史

• “二战”期间科学家西拉德为防止德国人抢先造出原子弹，动员著名科学家爱因斯坦上书美国总统罗斯福，阐述了研制原子弹对美国安全的重要性。

• 1941 年 12 月 6 日（日本偷袭珍珠港的前一天），罗斯福批准了美国科学研究发展局全力研制原子弹。

• 1942 年 8 月，美国制订了研制原子弹的“曼哈顿计划”。

※ 美国制定了研制原子弹的“曼哈顿计划”

• 1943 年 7 月，美国成立原子弹研究所。

• 1945 年 3 月，美国成立合并秘密的原子能委员会。

• 1945 年 7 月 16 日，在新墨西哥州的阿拉莫可德沙漠中进行了世界上第一颗原子弹的爆炸试验。

※ 在阿拉莫可德沙漠进行了世界上第一颗原子弹的爆炸试验

• 1945 年 8 月 6 日和 9 日，美国向日本广岛、长崎投放原子弹。

• 1949 年，苏联成功研制原子弹，英国、法国分别在 1952 年和 1960 年爆炸了自己研制的原子弹，1964 年，中国也拥有了原子弹。2011 年美国销毁 B53 核弹。

根据原子弹引发机构的不同，原子弹可以分为“枪式”和“收聚式”两种类型，核武器以其特有的方式产生了毁灭性的力量。

“枪式”原子弹将两块半球形的小于临界体积的裂物质分开一定的距离放置，中子源位于中间。在核装药的球面上包覆了一层坚固的能反射中子的材料，它的作用是将过早跑出来的中子反射回去，以提高链式反应的速度。在中子反射层的外面是高速炸药、传爆药和雷管，再将雷管与起爆控制器相连接。起爆控制器自动地起爆炸药。两个半球形裂变物质在炸药的轰击下迅速压缩，成为一个扁球形，达到超临界状态。中子源放出大量的中子使链式反应迅速进行，并且在瞬间释放出极大的能量，这就是杀伤

※“枪式”原子弹

破坏力巨大的原子弹爆炸。

“收聚式”原子弹将普通烈性炸药制成球形装置，并把小于临界体积的核装药制成小球放置于炸药球中。炸药同时起爆，将核装药小球迅速压紧并达到超临界体积，从而引起核爆炸。“收聚式”原子弹的结构十分复杂，但核装药利用率很高。现代原子弹综合了这两种引发机构，使核装药的利用率提高到80%左右，从而获得了极大的破坏力。

核武器的杀伤破坏方式主要有光辐射、冲击波、早期核辐射、电磁脉冲以及放射性沾染。光辐射是指在核爆炸时释放出的以每秒30万千米速度直线传播的一种辐射光杀伤方式。1枚当量为2万吨的原子弹在空中爆炸后，距爆心7000米都会受到比阳光强13倍的光照射，范围达到2800米。光辐射可使人迅速致盲，并且使皮肤大面积灼伤溃烂，物体会燃烧。冲击波是核爆炸后产生的一种巨大气流的超压。一枚3万吨的原子弹爆炸后，在距爆心投射点800米处，冲击波的运动速度可达200米/秒。当量为2万吨的核爆炸，在距爆心投影点650米以内，超压值大于1000克/平方厘米。可把位于该地区域内的所有建筑物以及人员彻底摧毁。

早期，核辐射是在核爆炸最初几十秒钟放出的中子流和γ射线。1枚当量2万吨的原子弹爆炸以后，距爆心1100米以内人员可遭到极度杀伤，1000吨级中子弹爆炸后，在这个范围内的人员几周内都会死亡，在200米以内的人员则会立即死亡。电磁脉冲的电场强度在几千米范围内可达到1万至10万伏，不仅能使电子装备的元器件严重受损，还能够击穿绝缘，烧毁电路，冲销计算机内存，使全部无线电指挥、控制和通信设备失灵。1颗5000万吨级原子弹爆炸后破坏半径可达到190千米。放射性沾染是蘑菇状烟云飘散后所降落的烟尘，对人体会造成照射或皮肤灼伤，以致死亡。1954年2月28日，美国在比基尼岛试验的1500万吨级氢弹，爆后6小时，沾染区长达257千米，宽64千米。在此范围内的所有生物都受到了沾染，在一段时间内缓慢的死去或者终身残废。

◎五核国家核武力量对比

美国：1945年首次核试验成功。核试验次数超过1030次。拥有约1.2万枚核弹头。导弹射程达到13035千米。

苏联：1949年首次核试验成功。核试验次数超过715次。拥有约2.8万枚核弹头，其中约1.8万枚将被拆除。导弹射程达到10943千米。

英国：1952年首次核试验成功。共进行45次核试验。拥有约400枚核弹头。导弹射程达5310千米。

法国：1960 年首次核试验成功。拥有约 510 枚核弹头。导弹射程达 5310 千米。

中国：1964 年首次核试验成功。

知识链接

美国白人军官站在离原子弹爆炸只有 3000 米的地方享受着原子弹冲击波带来的冲击。原子弹爆炸那一瞬间，温度增加到一千万度，数百万磅的高压将周围的建筑物全部摧毁，航空母舰被吹飞，军舰上的系统全部瘫痪，而且军舰有一半被高温熔化，彻底成为废铁。另外日本一艘渔船因为太靠近原子弹爆炸地点，被冲击波打飞，渔船上的日本渔民瞬间被冲击波扔到 3000 米外的沙滩上，吐血而亡。一个人被扔到 3000 米远，可见冲击波高压的威力是多么的强劲。当时美国军人不知道那个是日本人，还以为是在海洋里飘着的黑色塑料袋。

拓展思考

1. 瞬时释放出巨大能量的核武器又称为什么呢？
2. 原子弹可分为哪两种类型呢？
3. 原子弹爆炸的那一瞬间，温度增加了多少度呢？

核武器的发展历程

He Wu Qi De Fa Zhan Li Cheng

核武器的发展历程经历了四个阶段。

第一代：原子弹。以重核铀或钚裂变的核弹。原子弹的原理是核裂变链式反应——由中子轰击铀－235或钚－239，使原子核裂开产生能量，具有冲击波、瞬间核辐射、电磁脉冲干扰、核污染、光辐射等的杀伤作用。

※ 第一代原子弹

第二代：氢弹（一般指二相弹）。氢弹是核裂变加核聚变——由原子弹引爆氢弹，原子弹放出来的高能中子与氘化锂反应生成氚，氚和氘聚合产生能量。氢弹爆炸实际上是两次核反应（重核裂变和轻核聚变），两颗核弹爆炸（原子弹和氢弹），所以说氢弹的威力比原子弹更加强大。如果装载同样多的核燃料，氢弹的威力是原子弹的4倍以上。当然，不能用大当量的原子弹与小当量的氢弹来比较。一般原子弹当量相当于几千到几万吨TNT，二相弹可能会达到几千万吨TNT当量。

※ 我国的氢弹

世界上最大的一次核爆炸是苏联于1961年10月30日在新地岛进行的热核氢弹爆炸，当量5000万吨（原定10000万吨），爆炸威力的半径为

700 千米，总覆盖面积约为 8.26 万平方千米。核爆炸以后，4000 千米内的飞机、雷达、导弹、通讯等设备全部受到不同程度的影响。由于核爆炸太恐怖，对环境破坏太严重，威力过度没有意义，以后再也没有如此疯狂地试验。

※ 热核氢弹的爆炸地区

氢铀弹（三相弹）经过核裂变—核聚变—核裂变三次核反应，它是在氢弹的外层又加一层可裂变的铀－238，破坏力和杀伤力更加大，污染也更加严重，即为“脏弹”。也属于第二代核武器。

第三代：中子弹（增强辐射弹）。中子弹是以氘和氚聚变原理制作，以高能中子为主要杀伤力的核弹。中子弹是一种特殊类型的小型氢弹，是核裂变加核聚变——但不是用原子弹引爆，而是用内部的中子源轰击钚－239 产生裂变，裂变产生的高能中子和高温促使氘氚混合物聚变。它的特点是：中子能量高、数量多、当量小。如果当量大，和氢弹很相似，冲击波和辐射也会剧增，就失去了“只杀伤人员而不摧毁装备、建筑，不造成大面积污染”的目的，也失去了小巧玲珑的特点。中子弹最适合于杀灭坦克、碉堡、地下指挥部里的有生力量。

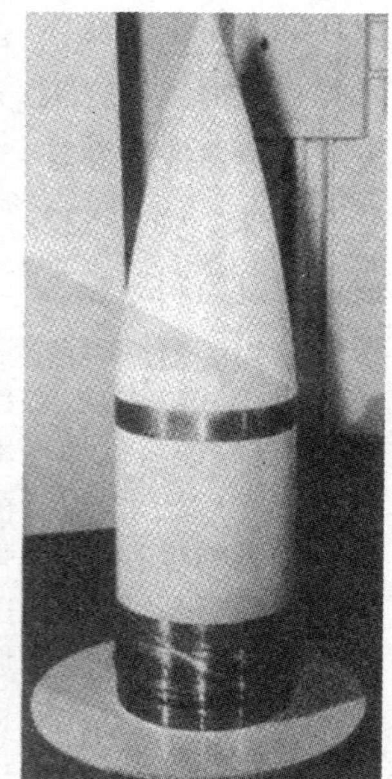

※ 氢铀弹

威力排序：氢铀弹＞氢弹＞原子弹＞子弹；

辐射排序：中子弹＞氢铀弹＞氢弹＞原子弹

污染排序：氢铀弹＞氢弹＞原子弹＞中子弹。

第四代：即核定向能武器。核定向能武器正在研制中，因为这些核弹不产生剩余核辐射，因此可以作为“常规武器”使用，主要种类有：激光引爆核炸弹、粒子束武器、干净的聚变弹、反物质弹、同质异能素武器等。

第四代的另一个特点是突出某一种效果，如突出电磁效应的电磁脉冲弹，使通信信号混乱。它可以使高能激光束、粒子束、电磁脉冲等离子体定向发射，有选择地攻击目标，单项能量更加集中，可以控制的特殊杀伤破坏。

※ 中子弹

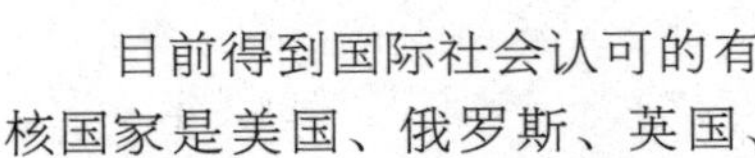

◎世界核武器持有形势

目前得到国际社会认可的有核国家是美国、俄罗斯、英国、法国和中国 5 个国家的核地位是在特定历史条件下形成的。

“冷战”刚刚结束后，白俄罗斯、乌克兰、哈萨克斯坦、南非等一批国家都主动放弃现有核武器及核武器发展计划，成为无核国家。

一些没有核武器的国家千方百计谋求核武器，成为“核门槛”国家。印度、巴基斯坦进行了核爆炸试验。以色列和日本虽然没有公开进行核爆试验，但是以色列是公认的具有核武器的国家，而日本则完全具备生产核武器的技术条件。此外，在美国的压力下，利比亚放弃了核计划，并把相关资料和离心机运往美国。

除了“核门槛”国家，谋求核武器的还有各种恐怖组织。

1. 美国：第一个试爆核武器的国家

美国拥有 1.06 万件核武器，是世界上拥有核武器数量最多的国家，平均每年要花费大约 46 亿美元来维持其核武库。美国的核武器有 7000～8000 件处于实战部署状态，其中有 6480 枚战略核弹头。1945 年 8 月美军派出 2 架 B－29 战略轰炸机分别在日本广岛与长崎投下原子弹，瞬间造成数十万人伤亡。美国是世界上第一个试爆核武器的国家，也是唯一一个将核武器应用于实战的国家。

2. 俄罗斯：核武器数量一度超越美国

苏联是继美国之后第二个掌握核武器技术的国家，在 1949 年首次试爆。“冷战”期间苏联核武器数量一度超越美国，并在战略洲际核导弹与战略核潜艇的技术上处于领先地位。苏联解体以后俄罗斯虽然资金短缺，但是仍然不放松对核武器的投入，新研制的“白杨－M”核导弹号称能击穿任何防御系统。

俄罗斯近日传出已掌握远程战略巡航导弹技术的消息。这种导弹可由战略轰炸机搭载，对数千千米外的目标实施精确打击。俄方说这打破了美国在这一先进武器上的垄断地位。

3. 英国：第三个爆炸氢弹并具有核作战能力的国家

1952 年 10 月 3 日英国第一颗原子弹在澳大利亚蒙特贝洛沿海的船上试爆成功，成为世界上第三个拥有核武器的国家。1956 年英国在空军装备原子弹。3 年后又爆炸了氢弹，成为世界上第三个爆炸氢弹并且具有核作战能力的国家。

4. 法国：把核导弹瞄准“流氓国家”

1960 年 2 月 13 日，法国在西部非洲撒哈拉大沙漠赖加奈的一座 100 米的高塔上爆炸成功了第一颗原子弹。这颗原子弹获得了 6 万吨当量的核裂变能量。法国因此成为世界上第四个拥有核武器的国家。1962 年 6 月，法国政府又提出耗资达 300 多亿法郎的“军事装备计划法案”，其中 60 多亿法郎用来建立核威慑力量。法国很快便建立起了由陆基导弹、潜艇导弹、飞机携带的核导弹所组成的三位一体的独立核力量。

※ 法国在西部非洲撒哈拉大沙漠的高塔上爆炸成功了第一颗原子弹

法国《解放报》透露，法国正在对其核战略进行历史性的调整，准备把核导弹瞄准所谓拥有大规模杀伤性武器的“流氓国家”。

5. 中国：不对无核武器国家使用核武器

1964 年中国首次试爆原子弹，数十年来，中国的核武技术水准与世界领先水平的差距要远远小于常规武器与世界的差距。目前中国具有与美、俄一

样的空、地、潜全方位投射打击能力，核弹头数量估计在8000枚左右。

中国坚持走和平发展道路，不参加军事同盟以及军备竞赛。中国主张全面禁止和彻底销毁核武器。中国明确承诺不对无核武器国家和地区使用或者威胁使用核武器，也不会改变这一政策。

6. 印度：拥有核武器已是众所周知

1998年，印度进行了数次地下核试验之后，宣称拥有核武，外界估计印度大约有100枚左右射程在4000千米内的核导弹。

7. 以色列：对是否有核武器采取回避态度

世界上媒体一再报道说以色列是继中国之后第六个拥有核武器的国家，但以色列一直保持沉默。显然以色列对于研制核武器一直秘而不宣。其是，从20世纪50年代后期以色列的核武器计划就已经开始起步了，到60年代进入了正式研制阶段，并窃取到原子弹的核材料深缩铀，80年代，叛逃的技术人员将此泄露出去，真相大白。

8. 朝鲜：强行挤入拥核国家

朝鲜：分别在2006年10月9日和2009年5月25日成功进行核试验。

2009年5月25日朝鲜不顾各国反对，仅在1个小时前通知其它国家自己将进行一次地下核试验，试验目的是增强朝鲜自卫核威慑能力。这一做法受到各国强烈反对。

◎核武器史话

德国是最早从事核武器研究与试验的国家。

1941年春季，日本开始秘密研究原子弹，但其进展情况至今是未解之谜。

1945年7月16日，美国研制的人类第一颗原子弹试验爆炸成功。

1945年8月，美国向日本的广岛和长崎投下两颗原子弹，从而结束了第二次世界大战。

1949年8月29日，苏联爆炸试验成功了自己的原子弹，成为第二个拥有核武器的国家。

1952年10月，英国在澳大利亚沿海的一艘船上试验爆炸原子弹成功。

1952年11月1日，美国在太平洋比基尼岛核试验基地爆炸成功了世界上的第一颗氢弹。

1960年2月13日，法国成为了世界上第四个拥有核武器的国家。

1964年10月16日，在新疆罗布泊试爆第一颗原子弹成功，进入核国家行列。

陆陆续续有报道：从 20 世纪 50 年代起以色列就一直在秘密研制和发展核武器，从核武研究中心到具有制造核武的铀 235，到 70 年代拥有多枚核弹。但是以色列官方从未承认过。

第二次世界大战后，“原子弹之父”奥本海默因为反对继续研制核武器在美国受到迫害。

1977 年 6 月，美国宣布研制出了以贯穿辐射为杀伤方式的中子弹，各国也相继投入研制。

2006 年 10 月 9 日朝鲜宣布成功地进行了一次地下核试验。朝鲜此次试验引起国际社会的极大关注。

2009 年 5 月 25 日实施一次地下核试验。这是朝鲜第二次实施此类试验。朝鲜中央通讯社报道，试验取得“成功”，核爆炸威力比前一次更大，试验目的是增强朝鲜自卫核威慑能力。

◎核武器制造

那么，如今核武器可以轻易地制造出来吗？谁宣布拥有核武器就真的是事实吗？据专家分析，各国研制核武器在技术上首先要过四关：核燃料、起爆装置、核试验、投掷技术。

第一关：核燃料

想要研制核武器的国家，都把目光盯向了核电站的核反应堆废料。为了绝对安全起见，国际社会已把防扩散作为核反应堆改进的一个方向，严禁扩散 3 项敏感技术，它们是：铀的同位素分离技术（又叫铀浓缩技术）、乏燃料的后处理技术（可从核废料中提取钚 239 的技术）和重水生产技术(可以用来生产氢弹的原料——氘和氚)。

第二关：起爆装置

制造一枚原子弹不仅需要用作裂变燃料的原材料，更需要有触发装置，以及一种能在核弹发生爆炸前使大部分燃料发生裂变的技术（否则核弹就会失败)。起爆装置最大技术的难题是高爆炸药的合理配置。起爆时，在百万分之一秒的时间内需同时引爆快速燃烧和慢速燃烧的两种常规炸药，才能实现真正的核爆炸。如果定时误差超过上述要求，或者两种炸药配比不对，就会大幅度降低常规爆炸所产生的压缩效果，致使核爆炸威力减弱，甚至形不成核爆炸。一些暗中研制原子弹的国家，就是在这一关面前，一筹莫展。

第三关：核试验

1996 年 9 月 10 日，联合国第 50 届大会全体会议以压倒多数的票数通过了《全面禁止核试验条约》以后，用计算机模拟，去取代传统核爆试验，以

望达到同等试验效果。可这种在已有核爆炸试验的基础上将各种参数编程输入超大型计算机，用化学爆炸、实验室、计算机对核爆炸物理过程和核爆炸效应进行模拟的方法，对今天那些急于造出核武器的国家来说无疑比造一颗原子弹更难达到的目标，而且核武器威力的大小很难用计算机进行模拟，毕竟自然条件的复杂性在计算机中是难以复制的。自 1945 年 7 月 16 日美国首次核试验到 1996 年 9 月《全面禁止核试验条约》通过为止，全世界总共进行了 2047 次核试验。其中美国 715 次，苏联 715 次，法国 210 次，英国 45 次，中国 45 次，印度 1974 年进行了一次。由此可见，真正完成完整的核武器物理设计，没有强大丰富的试验数据库的支持是很难想象的。

第四关：投掷技术

真正的核武器包括核战斗部、运载工具和指挥控制系统三部分。有了核武器也必须拥有相应的投掷手段。核爆成功后，接下来的小型化和武器化问题仍然是绕不过去的一关。此外，核武器搭载试验同样必不可少。一般来讲，战略原子弹主要装在导弹、航空炸弹上，发射平台包括各种射程的巡航导弹、弹道导弹、核潜艇、战略轰炸机等。不过，随着弹道导弹拦截系统的飞速发展，弱国凭借自己那有限的运载手段，究竟还有多少机会把得之不易的原子弹扔到对手的头上，实在有着很大的疑问。扔不出去的原子弹，它实际意义上的威慑能力必定大打折扣。

◎核武器种类

原子弹：是最普通的核武器，也是最早研制出的核武器，原子弹利用原子核裂变反应所放出的巨大能量，通过光辐射、冲击波、早期核辐射、放射性沾染和电磁脉冲起到了杀伤破坏作用。

※ 电磁脉冲弹

氢弹：是利用氢的同位素氘、氚等轻原子核的聚变反应，产生强烈爆炸的核武器，又成为热核聚变武器。氢弹的杀伤机理与原子弹基本相同，但威力比原子弹大几十甚至上千倍。

中子弹：又称弱冲击波强辐射工弹。它在爆炸时能放出大量置人于死地的中子，并使冲击波等的作用大大缩小。在战场上，中子弹只杀伤人员等有生目标，而不会摧毁如建筑物、技术装备等设备，“对人不对物”是它的一大特点。

电磁脉冲弹：电磁脉冲弹是利用核爆炸能量来加速核电磁脉冲效应的一种核弹。它产生的电磁波可以烧毁电子设备，还会造成大范围的指挥、控制、通信系统瘫痪，在未来的“电子战”中将会占有重要地位。

伽马射线弹：伽马射线弹爆炸后尽管导致的各种效应不大，也不会使人立刻死去，但是能造成放射性沾染，迫使敌人离开。所以它比氢弹、中子弹更高级，更加有威慑力。

感生辐射弹：感生辐射弹是一种加强放射性沾染的核武器，主要是利用中子产生感生放射性物质，在一定时间和一定空间上造成放射性沾染，达到阻碍敌军和杀伤敌军的目的。

冲击波弹：冲击波弹是一种小型氢弹，采用的是慢化吸收中子技术，减少了中子活化削弱辐射的作用，冲击波弹爆炸后，部队可以迅速进入爆炸区，然后投入战斗。

红汞核弹：红汞核弹是用红汞（氧化汞锑）作为中子源，由于不用原子弹作为中子源，所以体积和重量大大减少，一般小型的红汞核弹只有一个棒球大小，但当量可达万吨。

三相弹：三相弹是用中心的原子弹和外部铀－238 反射层共同激发中间的热核材料聚变，以得到大于氢弹的效力。

◎新世纪核武器路在何方

减少数量废旧留新：有核国家（特别是美俄）裁掉了过时的、性能不够先进的核武器，但是保留了性能较好的核武器。

另辟蹊径变废为宝：一是改旧翻新。二是改大为小。

提高质量推陈出新：新的世纪，核武器在数量急剧减少的同时，质量将会不断提高。

从长计议挑战军控：随着《全面禁止核试验条约》影响的不断扩大，继续发展传统核武器受到的制约将会越来越大。

以退为进攻防兼备：核大国在核力量的发展上推行导弹防御系统，使核武器由纯进攻型向攻防兼备型发展。

◎中国面临的核威胁

1. 美国对中国的核威胁

2002 年 1 月 8 日，美国国防部向国会提交《核态势评估报告》，美国第一次将“冷战”后可能进行核攻击的对象明确为 7 个国家，中国首当其冲。美国人认为，如果发生台海战争等情况时，美国根据需要，可能会动

用核武器。其实美国早在1997年，就提出“美国必须通过核威慑和常规威慑挫败中俄野心”。其实美国对中国的核威胁的核心是中美能否开展和平利用核能技术合作的意向。

2. 周边核战争的核威胁

如果朝鲜拥有核武器，朝鲜半岛的平衡将会打破。除此以外，南亚是另外一处核战争的火药桶。印度、巴基斯坦双方事实上存在“安全两难”困境，使得南亚地区仍可能因为对抗失控，引发核战争。

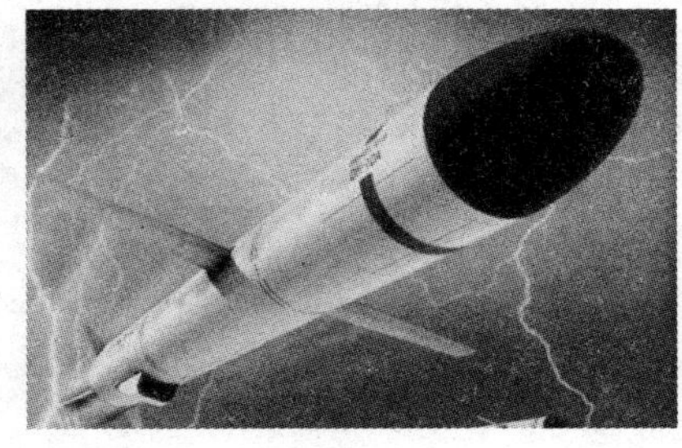

※ 核威胁

◎放射性污染

1. 放射性的基本概念

某些物质的原子核能够发生衰变，放出的射线，我们肉眼看不见也感觉不到，只能用专门的仪器才能探测到，物质的这种性质就叫做放射性。

2. 放射性污染来源及分类

(1) 核武器试验的沉降物（在大气层进行核试验的情况下，核弹爆炸的瞬间，由炽热蒸汽和气体形成大球（即蘑菇云）携带着弹壳、碎片、地面物和放射性烟云上升，与空气的混合，辐射热逐渐损失，温度逐渐降低，于是气态物凝聚成微粒或附着在其他的尘粒上，最后沉降到地面。

(2) 核燃料循环的“三废”。排放原子能工业的中心问题是核燃料的产生、使用与回收。核燃料循环的各个阶段均会产生“三废”，会对周围环境带来一定程度的污染。

(3) 医疗照射引起的放射性污染。目前由于辐射在医学上的广泛应用，已使医用射线源成为主要的环境人工污染源。

(4) 其他各方面来源的放射性污染。其他辐射污染来源可归纳为两类：一是军队、工业、医疗、核舰艇，或研究用的放射源，由于运输事故、偷窃、遗失、误用，以及废物处理等失去控制而对居民造成大剂量照射或污染；二是一般居民消费用品，包括含有天然或人工放射性核素的产品，例如放射性发光表盘、夜光表以及彩色电视机产生的照射，虽对环境造成的污染非常低，但是仍然有研究的必要。

3. 放射性对人体的危害

在大剂量的照射下，放射性对人体和动物都存在着某种损害的作用。

如在400弧度的照射下，受照射的人有5%死亡；若照射650弧度，则人就会100%死亡。照射剂量在150弧度以下，死亡率为零，但并非没有损害作用，往往需要经20年以后，一些症状才会慢慢表现出来。放射性也能损伤遗传物质，主要在于引起基因突变和染色体畸变，使一代甚至几代人受害。

4. 放射性“三废”处理

放射性废物中的放射性物质，采用一般的物理、化学及生物学的方法都不能将其消灭或破坏，只有通过放射性核素的自身衰变才能够使放射性衰减到一定的水平。而许多放射性元素的半衰期非常长，并且衰变的产物又是新的放射性元素，所以放射性废物与其他废物相比在处理和处置上有许多不同之处。

(1) 放射性废水的处理

放射性废水的处理方法主要有稀释排放法、混凝沉降法、放置衰变法、蒸发法、离子变换法、沥青固化法、水泥固化法、塑料固化法以及玻璃固化法等。

(2) 放射性废气的处理

①铀矿开采过程中所产生废气、粉尘，一般可以通过改善操作条件和通风系统得到解决。

②实验室废气，通常是进行预过滤，然后通过高效过滤后再排出去。

③燃料后处理过程的废气，大部分是放射性碘和一些惰性气体。

(3) 放射性固体废物的处理和处置

放射性固体废物主要是指被放射性物质污染而不能再利用的各种物体，可以进行焚烧、压缩、去污和包装。

5. 放射性物质的分类

为了安全运输放射性货物，将放射性物质分为五类：

(1) 低比活度放射性物质。

(2) 表面污染物体。

(3) 可裂变物质。

(4) 特殊形式放射性物质。

(5) 其他形式放射性物质。

◎严重的事例

1945年8月6日美国B－29“超级空中堡垒”轰炸机在日本广岛上空投下了一枚绰号为“小男孩”的原子弹。需要说明的是用于实战的原子弹

并不是掉在地上才会爆炸。为了增强杀伤效果，这颗原子弹是在空中爆炸的。原子弹从 9600 米高空被扔下来，在距离地面 600 米高度上爆炸。

“小男孩”肚子里装有 50 千克铀 235，起爆的时候，释放的能量相当于 2 万吨 TNT 炸药爆炸的威力。如此巨大的能量，从一个白色亮点瞬间变成巨大的火球，火球中心的温度超过 1000 万度。原子弹爆炸正下方投影点附近区域内，温度立即上升到 3000～4000 度，连房屋的瓦片都纷纷“起泡”，木制房屋则立即被“烤”得燃烧起来！据事后调查，原子弹释放的大量热量让距离投影点 1 千米内的人，全部受到了 5 度的严重烧伤，裸露表皮几乎全部炭化，其中 90％的人没能活过 7 天。距离投影点 305 千米的木制房屋都因为光辐射自燃，让内部居民遭受了二次烧伤。

知识链接

·杀伤能力·

核弹杀伤力计算公式：

有效杀伤距离＝C＊爆炸当量$^{(1/3)}$……（C 为比例常数，$^{(1/3)}$为求立方根）

一般取比例常数为 1.493885

当量为 10 万吨时，

有效杀伤半径＝1.493885＊10$^{(1/3)}$＝3.22 千米

有效杀伤面积＝pi＊3.22＊3.22＝33 平方千米

当量为 100 万吨时，

有效杀伤半径＝1.493885＊100$^{(1/3)}$＝6.93 千米

有效杀伤面积＝pi＊6.93＊6.93＝150 平方千米

当量为 1000 万吨时，

有效杀伤半径＝1.493885＊1000$^{(1/3)}$＝14.93 千米

有效杀伤面积＝pi＊14.93＊14.93＝700 平方千米

当量为 1 亿吨时，

有效杀伤半径＝1.493885＊10000$^{(1/3)}$＝32.18 千米

有效杀伤面积＝pi＊32.18＊32.18＝3257 平方千米

原子弹爆炸时，爆炸影响区域内的气压急剧升高，引起了恐怖的冲击波和气浪。爆炸中心区域的风速十分惊人，比 12 级台风还要高 10 倍，达到每秒 440 米，超过了声音传播的速度。高速气流和冲击波一起向外扩散，将大部分建筑夷为了平地。被冲击波摧毁的建筑物碎片，会像弹片一样高速飞出去，杀伤附近的人员。在强烈的冲击波作用下，据说，有些暴露的人的眼球和内脏甚至直接从身体里飞了出去。

原子弹爆炸成蘑菇云状，蘑菇云内部含有大量的放射性尘埃，蘑菇云窜到上万米的高空，和云中的水汽混合，然后产生黑色的降雨落到地面。

这种恐怖的“黑雨”流到地面，污染了河流，如果不慎饮用了受污染的水，就会受到严重辐射，严重者几天内就会死亡。核爆炸产生的大量放射线是无形的杀手。遭受了大剂量放射线伤害，一般不会立即有所感觉，但是急性放射病会慢慢地产生作用，患者会恶心、呕吐、发热、腹泻、食欲不振、头发脱落、皮下出血，或者患上白血病。严重的会在几日到一个月内死亡。据统计，仅在1945年8到12月“小男孩”就夺去了近12万人的生命。

原子弹是裂变核武器，而氢弹则是聚变核武器。核聚变不像核裂变，它的要求非常高，需要温度在1400万度以上才可能实现。怎样才能把聚变材料加热到这样的温度呢？人们想到了原子弹，原子弹爆炸时不是能达到这个温度吗？有了这个想法，人们把原子弹作为氢弹的起爆装置。换句话说，氢弹里面本身就含有一颗原子弹，氢弹爆炸前，先引爆原子弹，利用裂变产生的高温引起轻核聚变反应，释放出更多的能量。1952年美国试验第一颗氢弹时，爆炸产生的巨大能量在地面炸出了一个深50米，直径约6000米的大坑，爆炸的威力相当于1000万吨TNT炸药，是广岛原子弹的500倍。

中子弹是一种设计难度非常大的小型氢弹，它在爆炸时能产生大量的高能中子，这些中子能够穿透30厘米厚的钢板，可以毫不费力地穿过坦克、掩体和砖墙等，杀伤里面的人，但是却不会毁坏其设施。即使是一枚1000吨TNT当量的中子弹在200米高空爆炸，也能让半径200米内的任何生命死亡。但中子弹对周围的建筑和装备破坏比较小，因此，算是一种比较先进的核武器。

核武器是人类发明的，但它也能消灭人类自己。如果世界上真的发生核战争，频繁的核爆炸在瞬间杀死千百万人的同时，还会产生大量恐怖的核烟云，这恐怖的核烟云将会把地球严严实实地包裹起来，让太阳光照不到地面，地表温度会骤降到零下几十度。没有阳光，植物无法生长，动物也没有食物，在核爆炸中残余的人类自然就无法生存，这就是恐怖的“核冬天”。为了人类自己，我们需要抵制、限制和禁止核武器的使用。

拓展思考

1. 核武器的发展历程经历了哪四个阶段呢？
2. 各国研制核武器在技术上首先要过哪四关呢？
3. 核武器的种类有哪些呢？

第五章 核爆炸与核聚变

HEBAOZHAYUHEJUBIAN

核爆炸核武器或核装置在几微秒的瞬间释放出大量能量的过程。为了便于和普通炸药比较，核武器的爆炸威力，即爆炸释放的能量，用释放相当能量的 TNT 炸药的重量表示，称为 TNT 当量。核反应释放的能量能使反应区（又称活性区）介质温度升高到数千万开，压强增到几十亿大气压（1 大气压等于 101325 帕），成为高温高压等离子体。反应区产生的高温高压等离子体辐射 X 射线，同时向外迅猛膨胀并压缩弹体，使整个弹体也变成高温高压等离子体并向外迅猛膨胀，发出光辐射，接着形成冲击波（即激波）向远处传播。

核爆炸景象

He Bao Zha Jing Xiang

核爆炸发生的时候，首先产生的是发光火球，接着连续地产生蘑菇状烟云，这就是核爆炸的典型征象。火球核武器在距离地面一定高度的空中爆炸时，高温高压弹体向迅猛的四周膨胀并以 X 射线辐射加热周围的冷空气。热空气吸收高温辐射所具有的特点使得加热、增压后的热空气团是一个温度大致均匀的球体，并且温度、压强具有突变的锋面，这个热空气团称为等温火球。火球一面向外发出光的辐射，迅速地膨胀起来，同时温度、压强逐渐地下降，温度下降到 3×10 开时形成以 40～50 千米/秒的速度向四周运动的冲击波，其阵面依然发着耀眼的光芒。冲击波形成之后，火球内部的温度分布是表面低，向内逐渐升高，火球里面有一个温度均匀的高温核。冲击波阵面温度降低到大约高于 2000 开时，冲击波就慢慢地脱离火球，并按力学规律不断地向外传播，而最后呈现的地阵面不再发光。

蘑菇云是火球熄灭之后形成上升的烟云。冲击波在爆心投影点附近地面的反射和负相的抽吸作用使得地面掀起巨大尘柱，上升的尘柱和烟云连接在一起，这样形成高大的蘑菇状烟云，就称之为蘑菇云。

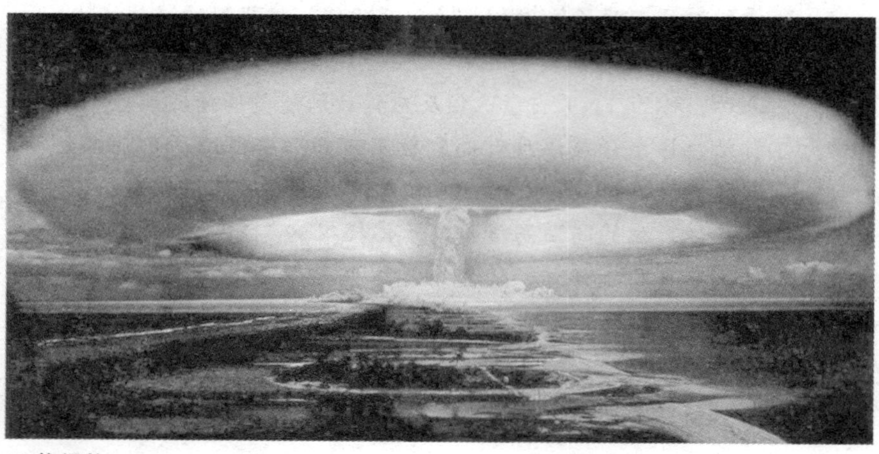

※ 核爆炸

※ 蘑菇云

◎核爆炸方式

根据爆炸当量、爆炸相对于地面、水面的位置，爆炸方式分为空中核爆炸、高空核爆炸、地面核爆炸、地下核爆炸和水下核爆炸五种。

◎空中核爆炸

距地面一定高度之上的核爆炸。爆炸瞬间先出现强烈明亮的闪光，后形成不断增大和发光的火球。冲击波经过地面反射回到火球后使火球变形，呈上圆下扁的“馒头”状，最后，从地面升起的尘柱和烟云共同形成高大的蘑菇云。在冲击波所到之处还可听到多声巨响。火球的最大直径和发光时间、蘑菇云稳定时的高度主要取决于爆炸的 TNT 当量。对于 2 万吨 TNT 当量的核爆炸，火球最大直径约为 440 米，发光时间约为 2.4 秒，稳定蘑菇云的高度约为 11 千米。

※ 空中核爆炸

◎高空核爆炸

高空核爆炸就是在距地面高度大于 30 千米处的核爆炸，从侧面看火球是一个竖直椭球，其膨胀、上升速度和最大半径都比空中核爆炸要大得多。爆炸高度如大于 100 千米，火球现象消失，因光辐射的照射，在 80～100 千米的高度上形成发光暗淡的大“圆饼”，同时在爆点下方和南北半球对称区域产生人造极光和其他地球物理现象，该区域称为共轭区。

◎地面核爆炸

地面核爆炸与空中核爆炸基本上相似，地面核爆炸的特点是：火球的形状呈半球形，烟云与尘柱一开始就连接在一起上升，并向四周不断地抛出大量的沙石，形成大大地弹坑。

◎地下核爆炸

地下核设备的爆炸会释放出大量的能量，使得试验点分布周围区域相

※ 地面核爆炸

关的地质和设备材料发生蒸发。实验过程中产生的高温和压缩的震动波会使试验点生成空隙和裂隙或者改变洞壁上的结构。孔穴是由于汽化作用和原始的地质介质的压缩所行成的，孔穴的半径可以根据爆破能的作用力、埋藏的深度以及地质介质的强度而预计出来，孔穴的最大尺寸在爆炸发生后的几秒之内即可达到。在接下来的几秒钟里，就会发生爆炸、温度冷却、气压消散、孔穴内气体的成分开始按顺序冷凝，冷凝顺序按相对蒸汽压或沸点进行。首先，岩石和重放射性核素元素，同墙内壁上的熔融岩块一起，在洞的底部积聚成熔融的泥胶土。试验几小时或者是几天之后，上面的材料坍塌进入洞内，形成一个垂直的“碎石”竖井，这个“竖井”随着地面的扩大而不断地扩展，最后形成一个弹坑，其中部分倒塌的材料会落入熔融胶泥体内。如果最初的爆炸点位于地下水的下面，则地下水此时会再次涌入洞内。

◎水下核爆炸

根据爆炸当量、爆炸相对于地面、水面的位置，可以把爆炸的方式分为空中核爆炸、高空核爆炸、地面核爆炸、地下核爆炸和水下核爆炸五种。

※ 水下核爆炸

◎核爆炸力学效应

核爆炸力学效应在低空核爆炸的爆炸能量中，冲击波约占50%，光辐射约占35%。早期的时候，核辐射约占5%，放射性沾染中的剩余核辐射约占10%，核电磁脉冲仅占0.1%左右。对于主要为聚变反应的核武器，剩余核辐射所占的比例则少得多。从上面的能量比例可以得出：冲击波所表现的力学效应起着主导性的作用，不过爆炸高度超过约30千米的高空核爆炸除外。地面核爆炸的力学效应除表现为向空气中传播冲击波外，还表现为在地表形成爆炸弹坑，以及向地下土石介质传播冲击波，冲击波衰减后不断地变换着形成压缩波和地震波。弹坑周围的土石介质经过冲击波的压缩和推动产生以加速度、速度和位移表征的强烈的地面运动。空中核爆炸的力学效应主要表现为空气中传播的冲击波以及冲击波拍打地面引起地下土石介质中的压缩波和地震波。水下核爆炸的主要力学效应是形成在水中的冲击波，在水面形成从爆心投影点向四周不断扩展的基浪，它是造成水面物体破坏的重要因素，如果爆炸深度的面积不大，但空气冲击波也不能被忽视。地下核爆炸中浅埋爆炸的主要力学效应为形成弹坑和土石介质中的冲击波，冲击波衰减成压缩波和地表波，引起强烈的地

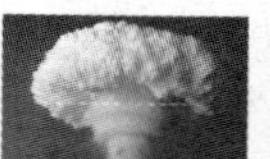

运动。封闭式爆炸主要是在爆点周围形成空腔，并在周围介质中传播冲击波、压缩波和地震波。

※ 核爆炸力学效应

◎核爆炸的杀伤和破坏效应

核爆炸主要是通过冲击波、光辐射、早期核辐射、核电磁脉冲和放射性污染等效应对人体和物体起到一定的杀伤力和破坏力作用的。前面的四个都只在爆炸后几十秒钟的短时间内起作用，后者能持续几十天甚至更长时间才起到作用。冲击波可以摧毁地面上分布的构筑物和伤害有生命的动物。光辐射常见的有可见光和红外线两种，这样的光辐射能烧伤人的眼睛和皮肤，并使物体燃烧，引起严重的火灾。核爆炸早期裂变产物发射出贯穿能力很强的中子流和 γ 射线，可以贯穿并破坏人体和建筑物。裂变产物、未烧掉的核燃料和被中子活化的元素，都会由气化状态冷凝为厚厚的尘粒，沉落到地面上，造成对地面和空气的放射性严重沾染，所发出的 γ 和 β 射线称为核爆炸的剩余辐射，也能对人体造成一定的伤害。核爆炸发出的 γ 射线在空气分子上产生康普顿散射，散射出的非对称电子流在大气中激起向远方传播的电磁脉冲，分布的面积比较大，对战略武器系统的控制和运行以及全球无线电通讯构成大面积的干扰和威胁。

知识链接

核爆炸的杀伤和破坏程度同爆炸当量和爆炸高度有关。百万吨以上大当量的空中爆炸，起杀伤和破坏作用的主要是光辐射和冲击波，光辐射的杀伤和破坏范围尤其大，对于城市还会造成大面积的火灾。万吨以下的小当量空中爆炸，则以早期核辐射的杀伤范围为最大，冲击波次之，光辐射最小。空中爆炸一般只能摧毁较脆弱的目标，地面爆炸才能摧毁坚固的目标，如地下工事、导弹发射井等。触地爆炸形成弹坑，可破坏约两倍于弹坑范围内的地下工事，摧毁爆点附近的地面硬目标，但对脆弱目标的破坏范围则小得多。地面爆炸会造成下风方向大范围的放射性沾染，无防护的居民会受到严重危害。

拓展思考

1. 你知道蘑菇云是什么吗？
2. 核爆炸的方式有哪些种呢？
3. 核爆炸的杀伤力是怎样的呢？

核爆炸防护与事例

He Bao Zha Fang Hu Yu Shi Li

对于核爆炸的各种杀伤和破坏因素都是可以进行防护的，只要采取相应的措施就能减轻或避免伤害。构筑工事就是比较有效的防护措施，特别是对于地下工事，如坑道和民防工事等，防护的效果都比较好。只要工事不遭到破坏，里面的人员就是安全的，即使是简易野战工事，如堑壕、单人掩体等也有一定的防护效果。在简易工事内的人比在同距离处于开阔地面上人的伤情，一般都低于两个等级。暴露在开阔地面上的人如能利用沟渠、土丘和弹坑等有利的地形迅速地卧倒，并尽可能将身体暴露

※ 比基尼岛引爆的原子弹

部位遮蔽起来，这样也可以减轻伤害的面积。对放射性沾染的防护是一个比较复杂的问题，应该具体查明沾染的情况，撤出沾染区并消除沾染，以减轻伤害。

◎比基尼岛原子弹爆炸

这是一张由美国摄影师冒着生命危险拍下来的上图是在比基尼岛刚刚被引爆的原子弹照片。这其实是一枚真正的原子弹，有些不懂原子弹是的人都说这是一枚氢弹，氢弹爆炸不可能呈现出这样的形状的。所以说它是一枚氢弹是完全不正确的。

※ 原子弹爆炸后刚刚要出现冲击波的瞬间

※ 原子弹爆炸水柱

※ 比基尼岛的核辐射

原子弹在爆炸时，溅起的水柱的高度大约为 3 千米。无论在海洋里还是在陆地上，爆炸的高度都是如此，只有在空中爆炸的时候，蘑菇云才能达到 19 千米，在海洋里爆炸的水柱有 3 千米，冲击波的范围是分布在 100 千米左右，氢弹爆炸的冲击波范围达 405 千米，在 1000 千米以内闪光都可以看见，核裂变和核聚变的威力不是开玩笑的，它的威力很强大，世界上最强的武器就是原子弹。

※ 美国真正的原子弹爆炸

美国曾经在比基尼岛进行了一次真正的原子弹爆炸，当量为 3 万吨 TNT。

比基尼岛差点被这枚原子弹摧毁。美国公布的核试验图片是从核爆炸视频中截下来的片段，也有可能是美国摄影师拍摄的图片。

知识链接

·比基尼岛的核辐射·

美国总统杜鲁门宣布即将在比基尼岛进行两次原子弹爆炸试验，原子弹爆炸过后，有两件事情发生，第一是原子弹爆炸当天，正好碰见一位美国导演，这位美国导演受到原子弹爆炸启发，想到了如果女人穿上比基尼游泳衣就好看多了。第二件事就是核辐射，原子弹爆炸后的辐射强烈，让所有的人都不敢往那里去了。美国总统杜鲁门命令军队前去消除掉核辐射，但是科学家说道：要想清除掉比基尼岛沙滩上的所有核辐射，就要将比基尼岛沙滩上所有的沙土全部都刨掉，但是要挖地 300 米深才可以完全清除掉核辐射。杜鲁门不假思索直接明命令军队执行这项艰巨的任务。比基尼岛原子弹带来了这两件事。比基尼岛的原子弹核辐射远比诺贝利核电站要更厉害。因为在比基尼岛遭到核辐射的人就有 10 万人。有 8000 人死于核辐射。14250 人死于各种疾病，但是主因都是核辐射造成的。

拓展思考

1. 你知道怎样防御核爆炸吗？
2. 通过美国比基尼岛核爆炸，你想到了什么呢？

什么是核聚变

Shen Me Shi He Ju Bian

核聚变是指氘或氚，主要是质量小的原子，在超高温和高压的条件下，发生原子核互相聚合的作用，生成新的质量笨重的原子核，并伴随着巨大的能量释放出的一种核反应形式。原子核中蕴藏着巨大的能量，能量的释放影响着原子核的变化。如果是由重的原子核变化为轻的原子核，这就叫做核裂变，例如原子弹爆炸等；如果是由轻的原子核变化为重的原子核，就叫做核聚变，例如太阳发光发热的能量来源等。

$^{2}_{1}H$ + $^{3}_{1}H$ → $^{4}_{2}He$ + $^{1}_{0}n$

※ 氢原子核

核聚变就是氢原子核结合成较重的原子核时放出巨大的能量。核聚变不属于化学变化的一种。

热核反应就是原子核的聚变反应，是当前最有前途的新能源。参与核反应的氢原子核，如氢、氘、氚和锂等从热运动获得必要的动能而引起的聚变反应。热核反应是氢弹爆炸的基础，可在短时间内产生巨大的热能，但目前尚无法加以利用。如能使热核反应在一定约束区域内，根据人们的意图有效的控制产生与进行，即可实现受控热核反应，这正是目前在进行试验研究的重大话题。聚变反应堆的基础是受控热核反应。聚变反应堆一旦成功的话，则可能向人类提供最清洁而又是取之不尽的能源。

◎类型

D（氘）和 T（氚）发生聚变会产生大量的中子，而且携带有大量的能量（14.1），中子会对人体和生物带来严重的危害。

聚变反应中子的真正麻烦之处在于中子可以跟反应装置的墙壁直接

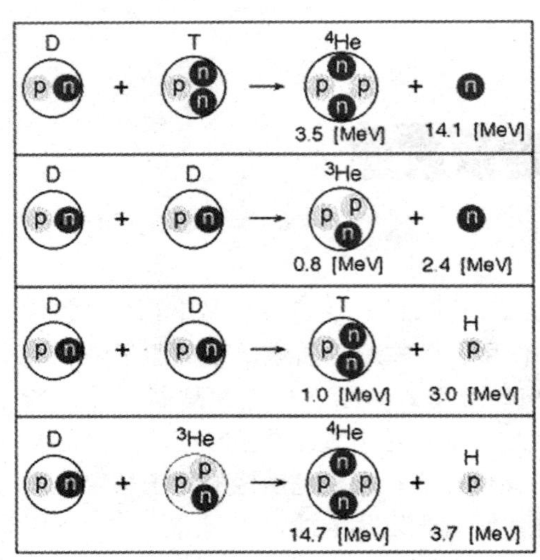

※ 核反应

※“第三代”聚变

发生核反应。在用过一段时间之后就必须更换，这样是很费钱的，而且换下来的墙壁可能有放射性，这种放射性主要取决于墙壁材料的选择，成了核废料。还有一个不好的因素就是氚具有放射性，而且氚也可能跟墙壁产生直接的反应。

氘氚聚变只能算得上是“第一代”聚变，优点是燃料非常的便宜，缺点是内部含有有毒的中子。

氘和氦 3 反应是“第二代”聚变。这个反应本身是不产生中子的，但其中既然有氘，氘在反应的过程中会产生中子，可是总量非常非常的少。如果第一代电站必须远离闹市区，第二代估计则可以直接放在市中心。

氦 3 跟氦 3 反应是“第三代”聚变，这种聚变完全不会产生中子。这个反应堪称为终极聚变。

◎反应条件

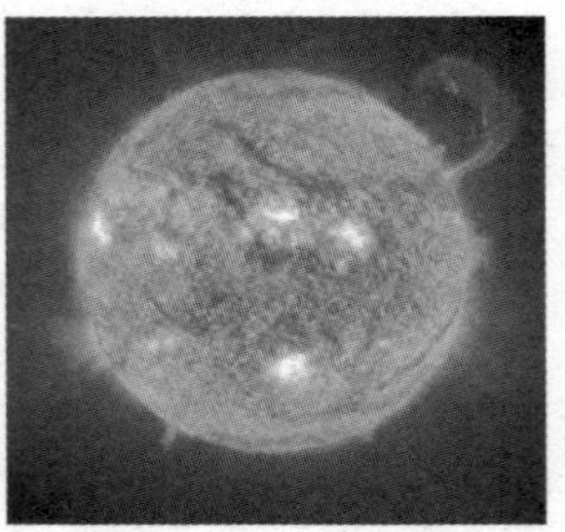

※ 阳发光发热

目前人类已经可以实现不受控制的核聚变，例如氢弹的爆炸。但是要想使能量被人类有效的利用，必须合理的控制核聚变的速度和规模，从而实现持续和平稳的能量输出。科学家正在努力研究如何控制核聚变，但是现在看来还需要一段很长的距离。但是，我想科学发达的今天，一定会研究出来的，只不过是时间长久的

问题而已。

◎可控核聚变方式

目前常见的可控核聚变方式主要有：超声波核聚变、激光约束核聚变、磁约束核聚变。

◎应用

1. 可控核聚变的发生条件

产生可控核聚变需要的条件是非常苛刻的。太阳就是依靠核聚变反应来给太阳系带来光和热，其中心温度达到 1500 万℃，另外还有巨大的压力能使核聚变发生正常的反应，而地球根本无法获得巨大的压力，只能通过提高地面的温度来进行弥补，不过这样一来温度要到上亿度才行。核聚变如此高的温度没有一种固体物质能够承受，只能靠强大的磁场来约束。此外这么高的温度，核反应点火也成为直接的问题。2010 年 2 月 6 日，美国政府利用高能激光实现了核聚变点火所需条件。中国也有“神光 2”将为我国的核聚变进行点火。

2. 核聚变的反应装置

目前，托卡马克装置就是可行性较大的可控核聚变反应装置。

※ 核聚变的反应装置

托卡马克的中央是一个环形的真空室，四周缠绕着线圈。在通电的时候托卡马克的内部会产生巨大的螺旋型磁场，将其中的等离子体加热到很高的温度，以达到发生核聚变的目的。

托卡马克是一种利用磁约束来实现受控核聚变的环性容器。它的名字 Tokamak 主要来源于环形、真空室、磁和线圈。最初是由位于苏联莫斯科的库尔恰托夫研究所的阿齐莫维齐等人在 20 世纪 50 年代发明的。

目前，我国有两座核聚变实验装置。

3. 核聚变的优劣势

其优势有以下几个：

(1) 核聚变释放的能量比核裂变要更大一些；

（2）没有高端的核废料；

（3）不会对环境造成更大的污染，而且反应过程容易控制，核事故风险较低；

（4）燃料供应充足，地球上重氢有 10 万亿吨（每 1 升海水中含 30 毫克氘，而 30 毫克氘聚变产生的能量相当于 300 升汽油）；

（5）无法用作核武器材料也就没有了政治干涉。

其劣势是反应要求极高，技术要求极高。

从理论上讲，用核聚变制造武器和提供部分能源，是非常有益的。但目前人类依然办法对它们进行较好的利用。

对于核裂变，由于原料铀的储量不丰富，政治干涉比较大，放射性与危险性大，核裂变的优势无法完全利用。截止到 2006 年核能发电占世界总电力的约 50%，这一现象说明了核裂变应用的规模之大，更能说明优势比核裂变更大的核聚变能源前景更加光明。科学家们做出相关的估计，预计到 2025 年之后，核聚变发电厂才有可能投入商业运营。2050 年前后，受控核聚变发电将广泛造福于人类。

◎核聚变与恒星发光原理

当四个氢原子在高温下不断地靠近时，四个质子就会碰撞到一起，其中两个会发生突然的衰变，释放出两个反中微子和正电子，变成中子。这两个正电子会与原子核外电子相互湮灭，形成两个光量子。剩下的一共有两个中子、质子和电子，恰好形成一个氦原子。绝大多数的恒星都是通过质子的衰变而发出耀眼的光芒，这在日常生活中也具有很大的用途。

◎另一定义

氢弹是比原子弹威力更大的核武器，主要利用核聚变来发挥作用的。

核聚变能释放出巨大的能量，但目前人们只能在氢弹爆炸的一瞬间实现非受控的人工核聚变。而要利用人工核聚变产生的巨大能量为人类服务，就必须使核聚变在人们的控制下进行，这就是所谓的受控核聚变。

核聚变的过程与核裂变正好相反，是几个原子核聚合成一个原子核的过程。只有比较轻的原子核才能发生核聚变，例如氢的同位素氘和氚等。核聚变也会放出巨大的能量，而且比核裂变放出的能量更大。太阳内部连续进行着氢聚变成氦的过程，它的光和热就是由核聚变产生出来的。

实现受控核聚变具有非常诱人的前景。不仅是因为核聚变能放出巨大的能量，而且由于核聚变所需的原料——氢的同位素氘可以从海水中提取

出来。经过精确的计算得出，1 升海水中提取出的氚进行核聚变放出的能量相当于 300 升汽油燃烧释放的能量。全世界的海水几乎是“取之不尽”的，因此受控核聚变的研究成功将使人类能够走出能源危机的困扰。

但是现在人们还不能进行受控核聚变，这主要是因为进行核聚变需要的条件非常的苛刻。发生核聚变需要在 1 亿度的高温下才能进行，因此又叫热核反应。可以想象得出，没有什么材料能经受得起 1 亿度的高温。此外还有许多难以想象的困难需要去克服。尽管存在着重重困难，人们经过不断研究已取得了可喜的进展。最终的成果往往都赋予刻苦钻研的人，科学家们设计了许多巧妙的方法，如用强大的磁场来约束反应，用强大的激光来加热原子等。最终预计得出，人们最终将掌握控制核聚变的方法，让核聚变为人类更好的服务。

利用核能的最终目标就是实现受控核聚变，裂变时靠原子核分裂而释出巨大的能量。聚变时则由较轻的原子核聚合成较重的原子核而释出能量。最常见的是由氢的同位素氘（读“dāo ”，又叫重氢）和氚（读“Chuān ”，又叫超重氢）聚合成较重的原子核如氦而释出能量。

※ 裂变时靠原子核分裂而释放出能量

核聚变较之核裂变有两个优点：

第一，地球上蕴藏的核聚变能远比核裂变能丰富得多。根据相关的推算，每升海水中含有 0.03 克氘，所以地球上分布在海水里的只有 45 万亿吨氘。至于氚，虽然自然界中不存在，但靠中子同锂作用可以产生，而海水中也含有大量锂。1 升海水中所含的氘，经过核聚变可提供相当于 300 升汽油燃烧后释放出的能量。地球上蕴藏的核聚变能约为蕴藏的可进行核裂变元素所能释出的全部核裂变能的 1000 万倍，可以说，核聚变是取之不竭的能源。

第二，既干净又安全。因为核聚变不会产生污染环境的放射性物质，所以是非常干净的。同时受控核聚变反应可在稀薄的气体中持续地稳定进行，同时又是安全的。

目前实现核聚变有很多种方法。最早的著名方法是“托卡马克”型磁场约束法。这种约束法主要是利用通过强大电流所产生的强大磁场，把等离子体约束在很小范围内以实现上述三个条件。虽然在实验室条件下已接近于成功，但要达到工业应用还差得远。按照目前技术水平，要建立托卡马克型核聚变装置，需要几千亿美元的资金。另一种实现核聚变的方法是惯性约束法。惯性约束核聚变是把几毫克的氘和氚的混合气体或固体，装入直径约几毫米的小球内。从外面均匀射入激光束或粒子束，球面因吸收能量而向外蒸发，受它的反作用，球面内层向内挤压，就像喷气飞机气体往后喷而推动飞机前飞一样，小球内气体受挤压而压力升高，并伴随着温度的迅速的上升。当温度达到所需要的点火温度时，小球内气体便发生爆炸，并产生大量的热能。这种爆炸过程时间非常的短，只需要几秒钟的时间。如每秒钟发生三、四次这样的爆炸并且连续不断地进行下去，所释放出的能量就相当于百万千瓦级的发电站。

核聚变原理上虽然比较简单，但是现有的激光束或粒子束所能达到的功率，离需要的还差几十倍、甚至几百倍，再加上其他种种技术上的问题，使惯性约束核聚变依然是可望而不可及的。

尽管实现受控热核聚变仍有漫长艰难的路程需要人类去征服，但其美好前景的巨大诱惑力，逐渐吸引着各国科学家在奋力攀登。

◎原理

简单的回答：根据爱因斯坦质能方程 $E=mc^2$；

原子核发生聚变时，有一部分质量转化为能量释放出来。

只要微量的质量就可以转化成很大的能量。

两个氢的原子核相碰，可以形成一个原子核并释放出能量，这就是聚变反应，在这种反应中所释放的能量称聚变能。聚变能是核能利用的又一重要途径。

最重要的聚变反应有：

式中 D 是氘核（重氢)、T 是氚核（超重氢)。以上两组反应总的效果是：

即每“烧”6 个氘核共放出 43.24 兆电子伏特能量，相当于每个核子平均放出 3.6 兆电子伏特。它比 n＋裂变反应中每个核子平均放出 200/236＝0.85 兆电子伏特高 4 倍。因此聚变能是比裂变能更为巨大的一种核能。

核聚变主要利用的燃料是氘和氚。氘在海水中大量存在。海水中大约每 600 个氢原子中就有一个氘原子，海水中氘的总量为 40 万亿吨。氚可以由锂制造。每升海水中所含的氘完全聚变所释放的聚变能相当于 300 升汽油燃料的能量。锂主要有锂－6 和锂－7 两种同位素。锂－6 吸收一个热中子后，可以变成氚并放出能量。锂－7 要吸收快中子才能变成氚。地

球上锂的储量虽比氘少得多，也有 2000 多亿吨。用它来制造氚，足够用到人类使用氘、氚聚变的年代。按目前世界消耗的能量计算，海水中氘的聚变能可用几百亿年。因此，核聚变能是一种取之不尽、用之不竭的新能源。

70 多年来科学家们不懈的努力，已在这方面为人类展现出美好的前景。在可以预见的地球上人类生存的有限时间里，水的氘，足以满足人类未来几十亿年对能源的需要。从这个意义上来说，地球上的聚变燃料，对于满足未来的需要来说，是无限丰富的，聚变能源的开发，将“一劳永逸”地解决人类的能源需要。

要想使原子核之间发生聚变，必须要使它们接近到飞米级。但是要达到这个距离，就要使原子核具有很大的动能，以克服电荷间极大的斥力，要使原子核具有足够的动能，必须把它们加热到非常高的温度。因此，核聚变反应又叫做热核反应。原子弹爆炸产生的高温会引起热核反应，氢弹就是这样爆炸的。

氘是最重要的聚变燃料，氘的潜在来源是在海洋，一旦能实现以氘为基本燃料的受控核聚变，人们就几乎拥有了取之不尽、用之不竭的能源。受控核聚变是等离子态的原子核在高温下有控制地发生大量原子核聚变

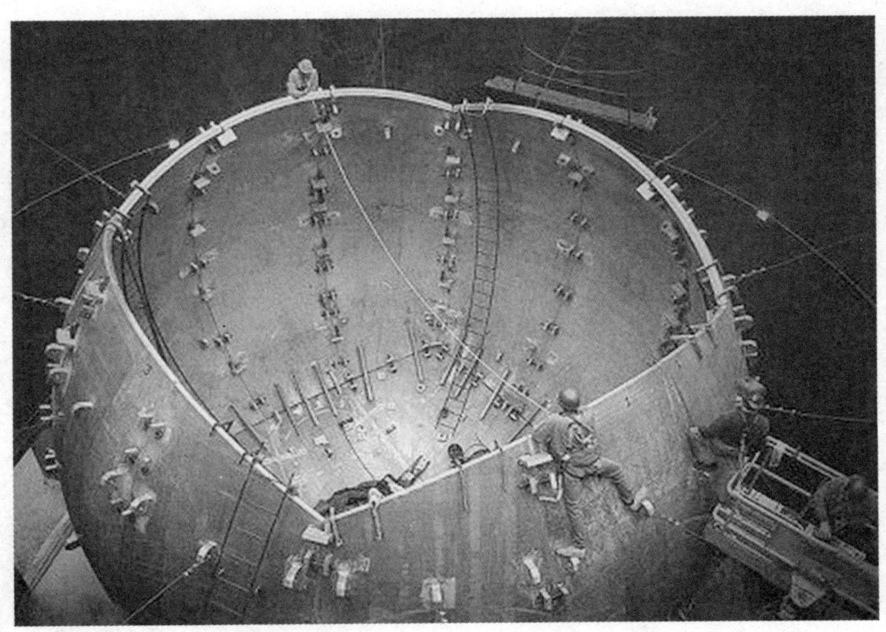

※ 装置安全壳

的反应，同时释放出相应的能量。氢弹爆炸释放出来的大量聚变能和原子弹爆炸释放出来的大量裂变能，都是不可控制的。在第一颗原子弹爆炸后仅十多年，人们就找到控制裂变反应的办法，并建成了裂变电站。原以为氢弹爆炸后能建成聚变电站，但并没有那么简单，即使在地球条件下能发生的聚变反应：

$$31H+21H \longrightarrow 42He+10n+1.76\times10^{7}\,eV$$

也只能在极高的温度（>40000000℃）和足够大的碰撞几率条件下，才能发生大量的转变。因此实际可作为能源使用的受控热核聚变反应，必须在产生并加热等离子体到亿万摄氏度高温的同时，还要有效地约束这一高温等离子体。这就是近几十年内研究的难题和期望攻克的目标。中国的中科院物理所、中科院等离子物理所、西南物理研究院在实验工程和理论研究各方面都为此做出了巨大的贡献，也取得了许多重要的进展。

知识链接

氘是相当丰富的氢同位素，在海洋中每 6500 个氢原子就有 1 个氘原子，这意味着海洋是极大量氘的潜在来源。仅在 1L 海水中就有 1.03×10^{22} 个氘原子，就是说每 1Km³ 海水中氘原子所具有的潜在能量相当于燃烧 13600 亿桶原油的能量，这个数字约为地球上蕴藏的石油总储量。

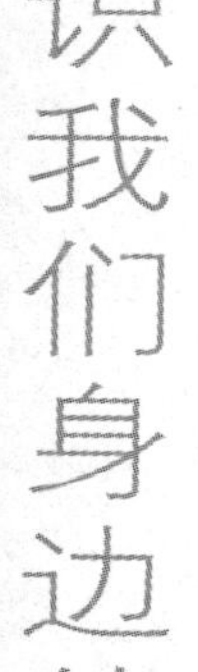

拓展思考

1. 你知道什么是核聚变吗？
2. 你知道如何控制核聚变吗？
3. 核聚变的优点和缺点，你知道吗？

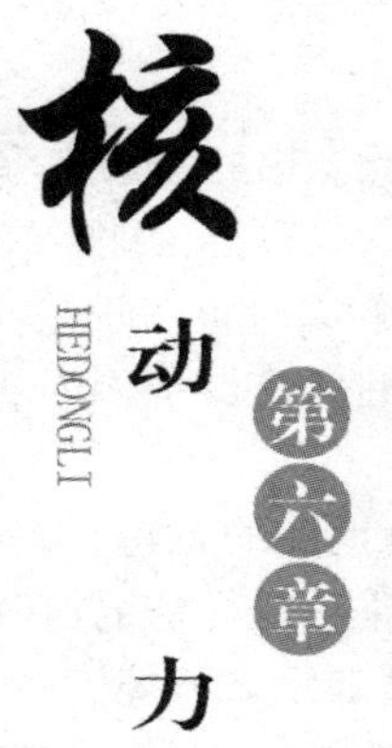

第六章 核动力

HEDONGLI

核动力是利用可控核反应来获取能量，从而得到动力，热量和电能。因为核辐射问题和现在人类还只能控制核裂变，所以核能暂时未能得到大规模的利用。利用核反应来获取能量的原理是：当裂变材料（例如铀 -235）在受人为控制的条件下发生核裂变时，核能就会以热的形式被释放出来，这些热量会被用来驱动蒸汽机。蒸汽机可以直接提供动力，也可以连接发电机来产生电能。世界各国军队中的大部分潜艇及航空母舰都以核能为动力，同时，核能每年提供人类获得的所有能量中的 7%，或人类获得的所有电能中的 15.7%。

什么是核动力

Shen Me Shi He Dong Li

核能是一种储量充足而且被广泛应用的能量来源，而且如果用它取代化石燃料来发电的话，温室效应也会相应减轻。国际间正在进行对于改善核能安全性的研究，科学家们同时也在研究可控核聚变和核能的更多用途，比如说制氢，氢能也是一种被广泛提倡的清洁能源，能够使海水淡化，还能大面积供热。

美国每年产生的核能都位居全世界的首位，美国人消耗的电能中有20％的能量来自于核能。如果按核能占总电能的百分比来看的话，法国则占据全球第一。根据2006年的调查显示，核能满足了法国80％的电能需求。欧盟需要的30％的电能来自核反应。各国的核能政策均有不同之处。

1979年的三哩岛核泄漏事故和1986年的切尔诺贝利核事故使美国放缓了建造核能发电厂的步伐。

后来，核能在经济与环境两方面的益处使联邦政府又开始重新把它转入讨论的话题。公众也对核能非常的感兴趣，不断上涨的油价，核能发电厂安全性的提高和符合京都议定书规定的低温室气体排放量使一些有影响的环境保护论者开始注意核能。有一些核反应堆已处于建造当中，几种新型核反应堆也处在科学的计划之中。

关于核能的利用一直是讨论的话题，因为那些放射性核废料会被无期限的保存起来，这就有可能造成泄漏或爆炸，有些国家可能借用核能的名义来大量制造核武器。核能的拥护者说这些风险是非常渺茫的，并且应用了更先进的科技的新型核反应堆会将风险进一步降低。科学家指出，与其他化石燃料发电厂相比，核能发电厂的安全记录反而更好，核能产生的放射性废料比燃烧煤产生的还少，并且核能可以长时间的获得。而对于核能的反对者，主要包括了大部分主要的环境保护组织，认为核能是一种不经济、不合理且危险的能源，尤其是与可再生能源相比，而且他们对新技术能否减低成本和风险也存在着争议。有些人担心朝鲜及伊朗可能正在以民用核能的名义研制核武器。可是，朝鲜已经承认拥有核武器，而伊朗则对此否认。

◎核动力的发展

1. 起源

1938 年第一个成功的核裂变实验装置在柏林被德国科学家奥托·哈恩，莉泽·迈特纳和弗瑞兹·斯特拉斯曼制成。

在第二次世界大战期间，一些国家致力于研究核能的利用，它们首先研究的是核反应堆。1942 年 12 月 2 日恩里科·费米在芝加哥的一所大学里建成了第一个完全自主的链式核反应堆，在恩里科·费米的研究基础上建立的反应堆被用来制造了轰炸长崎的原子弹“胖子”中的钚。正在这个时候，一些国家也正在研究核能，它们的研究重点是核武器，但同时也进行民用核能的研究。

1951 年 12 月 20 日人类首次利用核反应堆产生出了电能，这个核反应堆位于爱达荷州 Arco 的 EBR－I 试验增殖反应堆，它最初向外输出的功率是 100 千瓦。

1952 年帕雷委员会向当时的美国总统哈利·S·杜鲁门提交了一份实验报告，这份报告认为核能的前景“相当悲观”，它建议应该让科学界的

※ 往下看的核反应堆

人物研究太阳能。（注：帕雷委员会是总统的材料政策委员会的简称。）

1953 年 12 月美国总统德怀特·艾森豪威尔发表的名为“和平需要原子”的演说，这一演说使美国政府开始资助一系列国际间的核能研究。

2. 早期

1954 年 6 月 27 日世界上第一个为电网提供电力的核电站在苏联的欧伯宁斯克开始运行起来。这个核电站使用了石墨来控制核反应并用水来冷却，功率达到 5 兆瓦。全世界第一个投入商业运营的核反应堆是位于英格兰设菲尔德的 CalderHall，它于 1956 年正式运行。它有一个 Magnox 型反应堆，最初的输出功率为 50 兆瓦，经过后来的改进提高到了 200 兆瓦。宾夕法尼亚州码头市的一个压水型反应堆是美国第一个投入商业运营的反应堆。

1954 年美国原子能委员会的主席说：“人们谈到核能时经常会提到，如果广泛应用核能，电力在将来会变得很便宜，实际上这是错误的。但是人们的这种想法已经让美国决定在 2000 年之前建造 1000 个核反应堆。”

1955 年联合国的“第一次日内瓦会议”中，世界上来自四面八方的科学家聚集在一起探索核能这个新领域。1957 年，欧洲原子能共同体（EURATOM）与欧洲经济共同体一同成立。同年成立的还有国际原子能机构（IAEA）。

3. 速度

在 1970 年代和 1980 年代之间，建造核电站所需的巨额费用和下降中的化石燃料价格使建造当中的核电站变得不那么吸引人。

发展核反应堆的功率提升迅速，从 1960 年代的不到 1 吉瓦猛长至 1970 年代的 100 吉瓦，1980 年代又升到了 300 吉瓦。1980 年以后，核反应堆的功率的提升变得不那么迅速了，到了 2005 年功率只上升到了 366 吉瓦，大部分来自于中国的核能建设。

到了 20 世纪后半叶，一些反对核能的运动不断地兴起，它们担心的是核事故和核辐射，还反对生产、运输和储藏核废料。1979 年的三哩岛核泄漏事故和 1986 年的切尔诺贝利核事故都成为了许多国家停止建造新核电站的关键理由。澳大利亚于 1978 年、瑞典于 1980 年、意大利于 1987 年都对建造核电站的问题发动了全民族的投诉，同时爱尔兰的核能反对者成功地阻止了在该处核能计划的实施。但布鲁金斯学会的认同下，美国政府没有批准新核电站的建造主要是由于经济原因，并不是安全的问题。

◎反应堆的种类

现在正在运营的核反应堆可依裂变的方式区分主要分为两大类，每一类中又可依控制裂变的手段区分为数个子类别：

核裂变反应堆通过受控制的核裂变来获取核能，所获核能以热量为形式从核燃料中渐渐的释放出来。

现行核电站所用的都是核裂变反应堆，核裂变反应堆的输出功率是可以调整的。核裂变反应堆也可依世代分类，例如说第一、第二和第三代核反应堆。现在的标准核反应堆都为压水式核反应堆（PWR）。

从总的方面来说，快中子式反应堆产生的核废料较少，其核废料的半衰期也大大短于其他型式反应堆所产生的核废料，但这种反应堆很难建造，运营成本非常的高。快中子式反应堆也可以当作增殖型核反应堆，而热中子式核反应堆一般不能为此。

1. 沸水式反应堆（BWR）

这种反应堆是以轻水作为冷却剂和减速剂，但水压比较低一些。正因为如此，在这种反应堆的内部，所存储的水通常是沸腾着的，所以这种反应堆的热效率比较高，结构相对比较简单，而且可能更安全。主要的缺点是：沸水会升高水压，因此这些带有放射性的水可能突然泄漏出来。这种反应堆也占了现在运行的反应堆的一大部分，这是一种热中子式核反应堆。台湾核一厂和核二厂两座发电厂的反应堆为此型。

2. 压水式核反应堆（PWR）

这种反应堆完全以高压水来冷却并使中子减速。大部分正在运行的反应堆都属于这一类型。尽管在三哩岛出事的反应堆就是这一种，一般仍认为这类反应堆最为安全可靠。这是一种热中子式核反应堆。中国大陆秦山核电站一期工程、大亚湾核电站和台湾核三厂的反应堆为此型。

3. 压重水式核反应堆（PHWR）

这个反应堆是由加拿大人设计出来的，压重水式核反应堆也叫做CANDU，这种反应堆使用高压重水来进行冷却和减速。这种反应堆的核燃料不是装在单一压力舱中，而是装在几百个压力管道中。这种反应堆使用天然铀为核燃料，是一种热中子式核反应堆。中国大陆秦山核电站三期工程的反应堆为此型。印度也在它的第一次核试爆后运行了一些压重水式核反应堆。这种反应堆可以在输出功率开到最大时添加核燃料，因此能高效利用核燃料，大部分压重水式反应堆都位于加拿大，有一些出售到阿根廷、中国、印度、巴基斯坦、罗马尼亚和南韩。

※ 远看核电厂

4. 气冷式反应堆和高级气冷式反应堆

这种反应堆主要利用石墨作为减速剂，并用二氧化碳作为冷却剂。其工作温度较压水式反应堆更高，因此热效率比较高。一部分正在运行的反应堆属于这一类，它们大部分都位于英国。老式的核电站已经或即将关闭，关闭这种核电站的费用很高，因其反应炉核心很大，但高级气冷式核反应堆还会继续运行 10～20 年，这是一种热中子式核反应堆。

5. 石墨轻水型核反应堆（RBMK）

石墨轻水型核反应堆是一种由苏联设计的，它在输出电力的同时还产生钚。这种反应堆用水来冷却并用石墨来减速。RBMK 型与压重水型在某些方面具有相同之处，即可以在运行中补充核燃料，并且使用的都是压力管。但是与压重水型不同的地方在于，这种反应堆不稳定，并且体积比较大，无法装置在外罩安全壳的建筑物里，这一点是非常危险的。RBMK 型还有一些很重大的安全缺陷，尽管其中一些在切尔诺贝利核事故后被改正了。一般认为 RBMK 型是最危险的核反应堆型号之一。切尔诺贝利核电站拥有四台 RBMK 型反应堆。

6. 液态金属式快速增殖核反应堆（LMFBR）

这种反应堆在效率上很接近压水式反应堆，而且工作压力不需太高，

因为液态金属即使在极高温下也不需加压。主要利用液态金属来作为冷却剂，而完全不用减速剂，并且在发电的同时生产出比消耗量更多的核燃料。法国的超级凤凰核电站和美国的费米－I核电站用的都是这种反应堆。1995年，日本的“文殊”核电站发生液态钠泄漏，预计将会在2008年重新投入运行。这三个核电站都用到了液态钠。这是一种快速中子式反应堆而不是热中子式反应堆。液态金属式反应堆可分为两种类型。

7. 液态钠式反应堆

大部分液态金属式反应堆都属于这一种。钠很容易获得，而且还具有防止腐蚀的功能。但是钠遇水即剧烈爆炸，所以使用时一定要小心。虽然这样，处理钠爆炸并不比处理压水式核反应堆中超高温轻水的泄漏麻烦到哪里去。

8. 液态铅式反应堆

这种反应堆使用液态铅来作为冷却剂，铅不但是隔绝辐射的绝佳材料，还能承受很高的工作温度。与钠不同的是，铅是惰性元素，所以发生事故的几率也较小，但是，应用如此大量的铅就不得不考虑毒性问题，而且清理起来也很麻烦。还有，铅几乎不吸收中子，所以在冷却过程中损失的中子较少，冷却剂也不会带放射性。这种反应堆经常用的是铅铋共熔合金。在这种情况下，铋通常会产生一些小的放射性问题，因为它会吸收少量中子，而且也比铅更容易变得带放射性。

一些放射性同位素温差发电机被用来驱动太空探测器，苏联建筑中的一些灯塔，和某些心脏起搏器。这种发电机产生的热会随着时间的推移而逐渐地减少着，其热能通过温差电效应转换成电能。

轻水反应堆使用普通水来减慢中子并进行冷却。链式反应被一些能够吸收或减慢中子的材料控制着。在以铀为核燃料的反应堆当中，中子需要的速度异常的慢，因为当慢速中子轰击铀－235原子核时是更容易发生裂变的。当水的温度升高到一定程度时，它便达到了工作温度，此时密度会逐渐地降低，因此没被它吸收的少量中子会被减得足够慢，然后去引发新的裂变。负反馈将裂变速度保持在一定水平。

◎试验技术

产生核能的设计还有很多，比如说德国第IV号反应堆，是一些正在进行的研究项目的对象，在不久的将来它们可能会投入实际应用。一些改进后的核反应堆使反应炉变得更干净、更安全和降低了散布核武器的风险。

1. 整合式快中子反应堆

1980 年，根据科学家的建造、测试并评估了一个整合式快中子反应堆，之后在 1990 年代由于克林顿政府的要求而被弃置，这是因为克林顿政府的政策是防止核武器扩散。这种反应堆会将用过的核燃料回收，因此它只产生一点核废料。

2. 超临界水冷式反应器（SCWR）

超临界水冷式反应器将比气冷式反应堆具有更高的效率，与压水式反应堆的安全性结合到了一起，它在技术上遇到的挑战可能比二者都大。在这种反应器中，水会被加热到临界点。超临界水冷式反应器与沸水式反应堆相似，但是超临界水冷式反应器中的水不会沸腾，因此它的热效率也就比沸水式反应堆高。超临界水冷式反应器是一种超热中子反应堆。

3. 球床反应堆

这种反应堆使用陶瓷球来包装住核燃料，所以其安全性比较好。绝大多数的这种反应堆使用氦作为冷却气体，氦是不会爆炸的，不会很容易地吸收中子而变得有放射性，也不会溶解能变得有放射性的物质。典型的设计拥有比轻水式反应堆的安全壳层数更多层的安全壳。它的独有特点是，燃料球实际上组成了反应炉的核心，而且可以一个一个地更换，因此这种反应堆更安全。核燃料的这种设计使重新处理它们变得很贵。

4. 增殖反应堆

SSTAR 小型（Small）密封（Sealed）可运输式（Transportable）自主（Autonomous）反应堆（Reactor）在美国是首要研究项目之一，它是一种相当安全的增殖反应堆。

5. 次临界反应堆

次临界反应堆的设计相对比较安全，但是在建造技术和经济上依然有一定的困难性。

6. 钍反应堆

在这种特殊的反应堆中，钍－232 可以转变为铀－233。正是在这种情况下，比铀的储量更丰富的钍就可以用来制造铀－233。铀－233 相对于铀－235 来说具备一定的优点，它产生的中子比较多，并且产生更少的长半衰期超铀元素核废料。

高级重水反应堆——下一代的压重水式核反应堆，使用重水来作为减速剂。印度的巴巴原子研究中心正在对此进行研究。

KAMINI 是一种独特的反应堆，它主要运用铀－233 来作为核燃料。由巴巴原子研究中心和甘地原子研究中心统一建造。

受人为控制的核聚变在理论上也可以提供核能，并且操纵过程并不像

锕系元素那么复杂麻烦，但是在技术上还有许多难题等待解决。印度正在建造一台更大的快速增殖钍反应器，为的是利用钍来获取核能并控制它。科学家已经建造了几个核聚变反应堆，到目前为止，还没有一个反应堆输出的能量比输入的能量多。1950 年代，科学家就开始研究可控核聚变，但是一般认为 2050 年以前不会有商业性的核聚变反应堆投入应用。现在 ITER 领导着可控核聚变的研究。

知识链接

工作原理：

一般核电站的关键部分是：核燃料、中子减速剂、冷却剂、控制棒、压力舱、反应炉中心紧急冷却系统、反应堆保护系统、蒸汽发生器（沸水式反应堆中没有这个）、安全壳建筑、水泵、涡轮机、发电机和冷凝器。

一般的热电厂都有燃料供应来产生热，比如说天然气，煤或石油。对于核电厂来说，它需要的热来自于核反应堆中的核裂变。当一个相当大的可裂变原子核（一般为铀－235 或钚－239）被一个中子轰击时，它便分裂为两个或更多个部分，同时释放出能量和中子，这个过程就叫做核裂变。原子核释放出的中子会继续轰击其他原子核。当这个链式反应被控制的时候，它释放出的能量便可用来烧水，产生出的水蒸汽会驱动涡轮机，从而产生电能。需要记住的是，核爆炸中发生的是“不受控制的”链式反应，而核反应堆中的裂变速度无法达到核爆炸所需要的速度，这是因为商业用核燃料的浓度还不够高。

拓展思考

1. 你知道核能是一种什么能量来源吗？
2. 核动力的起源是什么呢？
3. 反应堆的种类是什么呢？

核燃料的循环使用

He Ran Liao De Xun Huan Shi Yong

核反应堆只是核燃料循环里面的一部分。整个循环从核燃料的开采开始。通常情况下，铀矿不是露天开采的条带矿，就是原地开采的过滤型矿。在任意一种情况下，铀矿石都会被提取出来，并被转为稳定而且紧密的形式，例如黄铀饼。然后被送到处理工厂。在处理工厂里，黄铀饼会被转化为六氟化铀，之后会被提纯。在这时，包含了 0.7％以上铀－235 的提纯铀会被加工成各种形状大小的燃料棒。被送到核电站以后，这些燃料棒就会在反应堆里面呆上大约 3 年，在这 3 年中，它们会消耗自身包含的铀的 3％，在这之后，它们会被送到乏燃料水池，在这里，核裂变中产生的一些半衰期短的同位素会衰变掉。在这里呆上大约 5 年以后，这些核燃料的放射性会降低到安全范围之内，之后就会被装进干的储藏容器永久储藏，或者被送到再处理工厂进行再次处理。

◎核燃料的来源

铀是一种常见的化学元素，不论陆地上还是海洋里面的每个地方都存在着铀。它就跟锡一样常见，储量比金高 500 倍。大部分种类的岩石和土壤都包含着铀，尽管浓度极低。现在，比较经济的铀储藏地的铀浓度至少为 0.1％。根据目前的花费速度来算，地球上可以被提取的铀还可用 50 年。将铀的价格提高一倍对核电站的运行成本不会有太大影响，但是可以使地球上可被提取的铀能持续使用几百年。在这种情况下，将铀的价格提高一倍会将核电站的运行成本提高 5％。不过，如果将天然气的价格提高一倍，那么天然气的供应成本就会提高 60％。将煤的价格提高一倍会将煤的供应成本提高 30％。

铀的提纯会产生出许多吨贫铀（DU），它包含了铀－238 和大多数铀－235。铀－238 有几种商业上的应用，比如说飞机制造，辐射防护，制造子弹和装甲，这是由于它具有比铅更高的的密度。有人担心那些过度接触铀－238 的人会得辐射病，这些人包括在有大量贫铀存在的地区居住的居民和坦克乘员。

现在的轻水反应堆远远没有能充分利用核燃料，这样就造成了浪费。

更有效的反应堆或者再处理技术将会减少核废料的数量，并且能够更好地利用资源。

与现在使用的铀－235（占天然铀的 0.7%）的轻水反应堆不同的是，快速增殖反应堆使用的是铀－238（占天然铀的 99.3%）。铀－238 估计可以供核电站使用 50 亿年。增殖技术已经被应用在了几个反应堆中。一直到 2005 年 12 月，唯一正在向外界提供能量的增殖反应堆是位于俄罗斯别洛雅尔斯克的 BN－600（BN－600 的输出功率为 600 兆瓦，俄罗斯还计划在别洛雅尔斯克核电站建造另一个反应堆，BN－800）。还有，日本的“文殊”反应堆也在准备重新起用（它从 1995 年起就被关闭了），中国和印度也在计划建造增殖反应堆。

由钍转化而得的铀－233 也可以用做核裂变燃料。地球上钍的储量时铀的储量的 3 倍，而且理论上所有这些钍都可以被用来进行增殖，这使钍的潜在市场大于铀的市场。与用铀－238 来制造钚不一样的是，用钍来制造铀－233 不需要快速增殖反应堆，它在常规增殖反应堆中的表现已经很令人满意了。

计划里的核聚变反应堆使用的核燃料是氘，它是一种氢的同位素，现在的设计也会用到锂。以现在人类消耗能量的速度来看，地球上可以开采的锂还能够用 3000 年，海洋中的锂可用 6000 万年，如果核聚变反应堆只消耗氘的话，它们可以工作 1500 亿年。相比之下，太阳只剩下了 50 亿年的寿命。

◎核电站的固体废料

现在的核电站产生的废料非常多。一台大型核反应堆每年会产生 3 立方米（25～30 吨）的核废料。这些核废料里面主要包含没有发生裂变的铀和大量锕系元素中的超铀元素（大部分是钚和锔）。3%的核废料是裂变产物。核废料中的长半衰期成分为锕系元素（铀，钚和锔），短半衰期成分为裂变产物。

核废料具有很强放的射性，而且需要特别小心地进行控制。刚从核反应堆出来的核废料可在不到一分钟的时间内使人致死。不过，核废料的放射性会伴随时间逐渐减少。40 年后，它的放射性与刚从反应堆出来时相比，已经减少了 99.9%，尽管它的放射性还是很危险。

核废料的储藏和处理是一个非常大的挑战。由于核废料具有放射性，所以它必须存放在具有辐射防护的水池里面（乏燃料池），在这之后它一般会被送到干燥的地窖或防辐射的干燥容器中进行储藏，直到它的辐射量降低到可以进行进一步处理的程度。由于核燃料种类的不同，这个过程通常要持续几年到几十年的时间。美国大多数的核废料现在都在短期的储藏地点，人们正在讨论建造永久性的储藏地点。2003年，美国的核反应堆已经制造了49000吨核废料。美国犹加山的地下储藏室被提议成为永久的储藏地点。根据美国环境保护总署的计算，大约经过10000年以后，核废料的放射性就会降低到安全范围之内。参看核燃料循环。

核废料的数量的减少可以通过几种方法，其中核燃料再处理效果最为明显。即便是这样，剩余的核废料如果不包含锕系元素，那么它还会持续300年保持强放射性，如果包含锕系元素，就会持续几千年保持强放射性。即使将核废料里面的锕系元素全部除去，并使用快速增殖反应堆通过嬗变将一些半衰期长的非锕系元素也除去，核废料还是要在一百至几百年内与外界隔绝，所以这是个长期的问题。次临界反应堆和核聚变反应堆也可以减少核废料需要被储藏的时间。由于科技在飞速地发展，人们地下填埋是否是处理核废料最好的方法这一问题已经出现了争议。如今的核废料在将来可能就是一种有用的资源。

核工业上使用的受污染的净水树脂、工作服、工具和一些正要关闭的核电站本身也都在产生一些低放射性的废料。在美国，美国核管理委员会已经几次尝试着允许低放射性废料被当作普通废物进行处理，比如进行填埋、回收等等。许多低放射性废料的辐射量非常小，它们只因为自己的使用历史而被当作了放射性废物。举例来说，根据美国核管理委员会的标准，咖啡也可以被视作低放射性废料。

在应用了核能的国家里面，整个工业产生的有毒废料中只有不到1%是放射性废料，尽管如此它们也是极其有害的，除非经过衰变后，它们的辐射量变得更低，或者更理想的是，辐射完全消失。总体来说，核能工业产生的废料比化石燃料工业产生的废料要少很多。燃烧煤的工厂产生的有毒和放射性的废料特别的多，因为煤中的有害的和放射性的物质在这里被集中起来了。

知识链接

·废料再处理·

再处理可以回收用过的核燃料中95%的铀和钚，并将它们转化为新的混合氧化物燃料。这也同时减少了核废料的长期放射性，因为经过再处理后，剩余核废料中主要就是半衰期短的裂变产物，并且它的体积也减少了90%。民用核燃料产生的废料的回收已经在英国，法国和（以前）俄罗斯大规模应用，中国也即将应用这项技术，印度也可能应用，日本应用此项技术的规模也在扩展中。伊朗已经

宣布成功进行了核废料的再处理，这就完善了它的核燃料循环，但是同时也招致了美国和国际原子能机构的批评。与其他国家不同的是，美国在一段时间前是禁止核废料再处理的；尽管这个政策已经被废除，但是现在美国大部分使用后的核燃料都仍然在被当作废料处理。

◎运营成本

核电站的建造一般情况下需要大量资金，但是它的运行和维护成本却相当低（包括了核废料再处理或进行填埋的全部费用）。

核能的反对者说，建造并运行核电站的费用加上核废料再处理和关闭核电站的费用已经超出了在环境上获得的利益。而核能的支持者说，核能是唯一的一种将废料处理的费用考虑到运行成本里面的能源，化石燃料的价格相当低是因为化石燃料工业从不考虑废料处理的问题。

英国皇家工程学院在 2004 年的时候发表了一份有关英国核电站运营成本的报告。这份报告特别关注的是间歇性能源与更可靠的能源之间成本的比较。报告说明，风能的价格是核能价格的两倍。在碳价包含税收的前提下，使用煤、核能和天然气发的电，价格为 0.2201～0.2601 元/千瓦时，使用气化煤的价格为 0.3201 元/千瓦时。当碳税增加（最多为 0.2501 元）的时候，煤发电的价格就接近了向陆风发电（包含备用能源）的价格，为 0.5401 元/千瓦时，向海风发电的价格为 0.7201 元/千瓦时。

核电的价格为 0.2301 元/千瓦时。这个数字包括了核燃料再处理的费用。

1. 建造所需资金

总体看来，建造一座核电站的费用要比建造向外输出同样多功率的以煤或者天然气为燃料的发电厂的费用高出很多。煤的价格远远高于核燃料的价格，而天然气又远比煤贵，所以说假如建造费用不在考虑范围内的话，烧天然气来发电是最贵的。不过在建造核电站上投入资金的多少直接决定了核电站输出电能的多少。建造核电站需要的资金占了总运营成本的 70％（假设折现率为 10％）。

现在许多国家里面的电力市场自由化使核能变得不如从前有吸引力了。在此之前，一个垄断性质的供电商可以保证供电到几十年之久。私人供电公司面临的是短期的合同和潜在的竞争，所以它们喜欢建造成本低的发电厂，这样的话就可以在短期内收回成本。

在许多国家里面，建造核电站所需的执照，监管和认证经常会拖延核电站的竣工时间并增加建造成本。三哩岛核泄漏事故后，美国政府颁布了一系列关于核电站的新标准。以煤和天然气作燃料的发电厂不受这些标准限制，因为它们在建造时没有利润。不过，选址、获得执照和建造这三步适用于所有将要建造的发电厂，这些步骤使得更新而更安全的设计对能源公司来说更有吸引力。

※ 扩建后的核电厂

在日本和法国，建造核电站所需的执照和认证的获得程序很简洁，这就使得建造费用和时间大大地缩短了。在法国，政府使用一种与认证新型飞机相似的程序来认证一种核反应堆。也就是说，法国政府不去认证单个的反应堆，而是直接认可一大类反应堆，这就减少了新核电站的认证时间。美国法律也允许这种一次认证一类的做法，而且这种做法很快就要被应用。

为了鼓励核能的发展，美国能源部（DOE）开展了核能 2010 年计划，在这个计划里面，能源部会鼓励一些感兴趣的团体去采用法国式的认证程序，而且还会给予因认证拖延了时间而增加了建造成本的六家新核电站 25％～50％的建造成本作为补贴。

2. 补贴

核能的批评者说，在核能的支持者计算核能的费用的时候，他们经常忽略了政府给予核能工业的大量补助，这些补助被用于帮助核能工业的研究。当然，其他的能源工业也收到了补助。化石燃料工业交的税更少，并且不用为它们排放的温室气体支付赔偿金。在许多国家，可再生能源也在

生产的过程中收到了补贴，而且在税务方面也受到了特殊照顾。

核能的研究与发展（R&D）收到的补助要远远比可再生能源和化石燃料R&D收到的补助多。不过，目前为止大部分这种现象都发生在日本和法国，在其他的国家，可再生能源收到的补助最多。在美国，每年用于核裂变研究的资金已经从1980年的21.79亿美元减少到了2000年的3500万美元。但是，为了重组整个核能工业，接下来建造的六个美国核反应堆将会收到与可再生能源同样多的补助，而且它们也会收到由于等待认证而损失的钱的一部分作为补偿。

根据美国能源部的说法，美国境内的核事故保险收到了普莱斯一安德森核工业补偿法的补助。2005年7月，美国国会又把这台法律进行了扩展。在英国，1965年颁布的核设施建造法规定，核反应堆的事故由此反应堆的执照拥有者负责任。关于核损害民事责任的维也纳公约确定了国际间关于核事故责任的处理方法。

3. 其他

核电站在没有其他能源可以使用的地区最有竞争力，最为显著的例子就是法国，法国几乎没有化石燃料储量。加拿大安大略省已经将它的水利资源运用到了极致，并且也几乎没有化石燃料储藏，所以在那里也有一些核电站。印度也在建造新的核电站。不同的是，英国贸易与工业部不允许在英国建造新的核电站，因为与化石燃料相比，核能的单位成本太高。不过，英国政府的首席科学顾问戴维·金说英国有必要再建造一个核电站。中国计划建的核电站是最多的，因为我国的经济在飞速的发展，并且国内也有许多能源计划。

很大一部分新型的天然气发电厂都被用作用电高峰时期的备用发电厂。比天然气发电厂规模大的核电厂和煤电厂无法快速改变输出功率，这些电厂的角色只是在平常时期供电。因为平常时期的用电涨幅不像高峰时期那么的大。一些新型反应堆，尤其是球床反应堆，是专为高峰时期用电而设计的。

在世界上任何一个地方建造核电站，不论这个核电站是旧式还是新式，它都会遇到被当地居民反对的问题。经过三哩岛和切尔诺贝利这两个事故后，只有很少数的城市会欢迎一个新的核反应堆，核处理工厂，核燃料运输路线或者试验性核设施。许多城市都颁布了法规，禁止建造任何核设施。不过美国境内一些已有核设施的地方却在争抢着要更多核设施。核能的反对者总是以切尔诺贝利的事故为借口反对美国政府建造新的核反应堆。但事实却是美国60年前的核反应堆都比切尔诺贝利的反应堆安全。当被问到是否能在自己家后院建造一个切尔诺贝利式的反应堆的时候，大

多数的人都会像预料中一样反应。如果在清洁而可靠的球床式反应堆和冒着黑烟破坏环境的以煤或者天然气作燃料的热电厂之间做出选择的话，大多数的人都会做出聪明的决定。

当使用了核燃料循环分析的时候，现在的核反应堆输出的能量会为输入能量的40～60倍。这比煤、天然气和除水力以外的其他可再生能源都要好。

生物燃料可以代替一大部分的化石燃料。效率，隔绝，太阳热能和太阳电能方面的技术可以在天然气产量达到顶峰后满足大部分的天然气需求。大部分运输专家都正确地将生物燃料比作“天上的馅饼”，意为可望而不可及，因为即使按现在的需要量来算，世界上大部分的田地都会被用来“种”燃料。

核能的支持者说可再生能源还没有能解决高运行成本，间歇性用电和大面积输电这几个问题。举例来看，一项英国的研究显示当风能提供了人类所需能源的20%，并且在没有风的时候由水或者电燃料驱动风车的成本也很低时，也只是能够减轻煤电厂或核电厂6.7%的负担（从59吉瓦到55吉瓦），因为它们要在电力短缺时作备用电厂。核能的支持者说现在的技术还无法保证能让间歇性能源被大量应用。一些可再生能源，例如说太阳能，在用电高峰时正好很充足，这就减少了负担。未来电能的用途（比如加压水，海水淡化和制氢）也会减少核能和可再生能源在用电高峰时的负担。

拓展思考

1. 你知道什么是核燃料吗？
2. 核废料主要包括什么呢？
3. 建造核电站需要的资金占了核电站总运营成本的多少呢？

核动力的环境影响

He Dong Li De Huan Jing Ying Xiang

空气污染：无放射性的水蒸气是核电站在运行期间释放出来的主要排泄物。核裂变会产生一些气体，比如说碘－131和氙－133。这些气体主要会被封在燃料棒里面，但是在假定的事故中，会有少量气体被释放到冷却剂中。化学物品控制系统会将放射性气体隔离，这些气体需要被存放很长时间（半衰期的几倍），直到它们变的安全。碘－131和氙－133的半衰期分别为8.0天和5.2天，所以它们需要被储藏好几个月。

核能发电不会直接产生二氧化硫、氮氧化物、汞或者其他与化石燃料的燃烧有关的污染物。仅在美国每年就有许多人因为燃烧化石燃料产生的污染物而死去。它也不直接产生二氧化碳，由于温室气体造成了全球变这使一些环境保护者通过支持核能来取暖，使人们减少温室气体的排泄。

为了生产核燃料，矿石需要被采集比且被处理。这个过程不是直接使用柴油或汽油机，就是使用电网提供的电，而这些电可能是通过燃烧化石燃料产生的。核燃料循环分析评价这个过程消耗的能量（以今天的混合能源来算）并进行计算，它要计算的是在核电站的整个寿命过程中，减少的二氧化碳排放量（与核电站供电多少有关）与排放出的二氧化碳数量（与核电站的建造和核燃料的获得有关）之比。

一些循环的分析调查表明，核电站每发一千瓦时的电与风能每发1千瓦时的电，排放量相似。2001～2005年的一个循环分析发现，根据核燃料中铀浓度的不同，核电站每发1千瓦时的电排放的二氧化碳的量为天然气发电厂每发1千瓦时的电排放的二氧化碳的量的20%～120%。2003年，世界核材料协会对这个循环分析进行了批评，并且在2006年进行了一个自己的循环分析，推翻了它的结论。

2006年英国政府的可持续发展委员会总结说，假如英国的核电能力再增加一倍的话，到了2035年的时候，英国全国的二氧化碳排放量将会减少8%。英国的目标是在2050年时将温室气体的排放量减少60%。与2006年一样的是，英国政府会在今年晚些时候公布自己的研究结果。

废热：核反应堆需要冷却，典型的是用水来冷却（有时不是直接的）。使用水来将能量从一个热源带走，需要一个冷源，这个过程被称为兰金循环。能通过兰金循环来转化为能量的热是有限度的。多余的热量需要当作废热来排放掉，这时候就需要冷却水了。河流是最常用的冷却水的来源，并且也是废热的排放地点。废水的温度必须受到限制，否则就会把河里面的鱼杀死。生物圈里面比一般水温度高的热水是一个潜在的长期隐患。在大多数新的核电站中，这个问题被冷却塔解决了。废水对于所有的传统供电厂，包括煤、石油和天然气供电厂都是一个问题，这是由于它们都靠着兰金循环来产生能量。这四种供电厂只是在热源上有所不同。

对于限制废气温度的需求也会限制住发电能力。在极热的天气的时候，用电量是最高的，但是这时核电站的发电量却可能会下降，因为核电站中冷却水的温度会变得更高，这样它的冷却效率就会降低。在改进核电站的设计的时候，工程师们会考虑到这点，因为冷却能力的增加会让建造资金也随之增加。

◎人类忧患

1. 事故或袭击

反对核能的人说，核反应堆的一个致命性缺点就是它面临着核事故和恐怖分子袭击的威胁，这样的话大量平民都会受到辐射线的照射。

支持核能的人说，在一个设计得很好的反应堆里面，核泄漏的风险是非常小的，因为它的安全系统经过了精心的设计，并且核工业把核事故看得很严重，所以对于它的关心程度远比煤电厂和水电厂高。在大面积的范围内造成了灾难的切尔诺贝利核电站，实际上是结合了很危险的 RBMK 反应堆，安全壳建筑物的缺乏，不精心的保养和安全规章的缺失的这样一种产物。RBMK 型反应堆的空隙率是非常高的，这与西方使用的几乎所有核反应堆是不同的，这就意味着一个零部件的失灵就会使反应堆产生越来越多的热和射线，直到反应堆破裂为止。即使是在三哩岛核泄漏事故这个苏联之外最严重的民用核设施的事故中，压力容器和安全壳建筑物也没有破裂，只是核反应堆的核心熔毁，向自然界释放出了非常少量的射线(比生物圈放出的射线都要少)。

科学家们正在试图改变核反应堆的设计，他们希望能够通过这样的方式来减少核裂变反应堆出事故的风险。自动化和被动安全式的反应堆也正在研究当中。未来可能出现的核聚变反应堆在理论上出事的风险是非常小的，因为反应堆中的核燃料只够反应约一分钟的时间，但是核裂变反应堆中储藏的是够用一年的核燃料。次临界反应堆中从来不储藏任何核燃料。

核能的反对者说他们担心核废料得不到足够的防护，在恐怖分子袭击

的时候，这些核废料可能会发生泄漏。他们引用了1999年发生在俄罗斯的一件事：几名工人在贩卖5克放射性物质时被抓获，他们还引用了1993年同样发生在俄罗斯的一件事：警方抓获了正在贩卖4.5克浓缩铀的工人。自此之后，联合国就开始努力让世界各大国改善核设施的安全防护，从而阻止放射性物质落入恐怖分子之手。有的时候为了保护运输核材料的货船会出动几千名警察。其他能源的有关设施，例如说水电厂和天然气运输船，更容易受到事故和袭击的威胁。不过，核能的支持者说核废料已经得到了很好的防护，并且他们还说在全世界范围内没有一起民用核设施的事故与核废料有关。他们还指出，美国核管理委员会和其他一些机构对核反应堆和核废料储藏设施强度的大量测试表明，它们可以承受与911袭击事件规模大致相等的恐怖袭击。用完的核燃料通常位于核电站的“保护区”或者用后核燃料的海运容器，偷取它来制作炸弹是非常难的。用后的核燃料释放出的射线足以快速地将任何接近它的恐怖分子杀死。

根据美国核管理委员会的研究，美国境内已经有20个州要求居住在核反应堆周围10英里内的居民在家中储藏碘化钾，这在严重的核事故发生的时候（虽然可能性非常小）是非常有用的。

2. 对人类健康的影响

人类接触到的大多数辐射都属于自然界的背景辐射。背景辐射以外的那一部分，绝大多数都和医疗有关。一些覆盖了欧洲、加拿大和美国的大规模研究没有发现任何表明居住在核反应堆周围的居民癌症死亡率升高了的证据。举例来说，1990年美国国立卫生研究院中的美国国家癌症研究所（NCI）宣称，在对16种癌症的死亡率进行了一项大规模研究后，他们认为居住在美国62座核电站周围的居民癌症死亡率并不比其他地方高。这项研究调查同时发现，在新建了一座核电站以后，当地儿童的白血病死亡率也并没有增长。这项研究是美国国家癌症研究所进行的一次规模最大的对癌症的研究，它一共在核电站周围的居民中调查了900000个因癌症而死的人。

除了切尔诺贝利核事故的直接影响外，在乌克兰和白俄罗斯的一些地方，土壤也含有放射性。正因为这个原因，一个疏散区在切尔诺贝利核电站周围被划定了。

在2006年3月的安全检查发现，美国境内的一些核电站一直有受了氚污染的水泄漏到土壤里面。被核电站排放出来的水会通过废水管道流进河里，这时候的废水已经达到了排放的标准。但是通过向土壤里面排放，只有很少量的氚进入了饮用水供应系统。伊利诺伊州的司法部长说，她要以六处这样的泄漏为名控告 Exelon 公司，她要公司向周边居民提供干净的自来水，虽然公司外的每个水井中的水都没有超标。在进行了调查之后，美国核管理委员会声称："这次检查确认了公众的健康和安全没有受到有害影响，并且公众接触的照射剂量与美国核管理委员会的标准相比是非常低的。"不过，美国核管理委员会主席说："他们需要修复它。"

3. 核武器扩散

核能的反对者提出，核技术经常是军民两用性质的，民用核计划中用到的材料和技术都可以用于发展核武器。能够防止核扩散是核反应堆的主要设计指标之一。

在很大一部分国家里，军用和民用的核技术常常会与该国的核能力一起被提及。例如，美国能源部的首要目标就是"增强美国的公民，经济和能源的安全性。为了达到此目标，还要鼓励科学上和技术上的创新。并且消除公民对于核武器的恐惧。"

大部分核反应堆里面的浓缩铀的浓度对于制"造核弹"来说太低。大多数核反应堆使用的是浓度为 4%的浓缩铀，原子弹"小男孩"用的是 80%的浓缩铀。虽然低浓度的浓缩铀也可以用来制造原子弹，但是浓度的下降会使炸弹的最小尺寸变得出奇的大，这是很不切实际的。可是，用来为发电制造浓缩铀的工厂和技术同时也可以制造核弹所需的高纯度浓缩铀。

除此之外，核反应堆在工作的时候制造出的钚，如果在再处理时进行浓缩的话，也是可以用来制造核弹的。虽然在一般核反应堆的核燃料循环里面制造出来的钚中，钚－240 的低浓度使它没有成为制造武器的理想材料，但是还是可以由它制造出有用的武器。如果一个核反应堆所在的核燃料循环非常短，那么具有武器级浓度的钚就可以被制造出来。不过，在许多反应堆里面进行这种活动是很难掩人耳目的，因为用民用核反应堆来制造核武器需要经常关闭核反应堆来添加核燃料，而这在卫星图片上是清晰可见的。

大部分人都相信巴基斯坦和印度在它们的核能计划里面使用了 CANDU 核反应堆来为核武器制造可裂变材料，但是，这不是完全正确的。加拿大（提供了 40 兆瓦的试验型核反应堆）和美国（提供了 21 吨重水）都向印度提供了开展核武器计划所需要的技术。由于国际间并没有规定一国该怎样使用从他国得到的核技术，所以印度是可以用这些技术来制造核武器的。巴基斯坦在一个自主的浓缩计划中为它的核武器制造出了裂变材料。

为了预防核武器的扩散，国际原子能机构在 1968 年通过并且实施了防止核武器扩散的条约（NPT），条约规定签约国对于核技术必须采取保

※ 火箭式导弹

护措施。签约国被要求向国际原子能机构报告它们所拥有的核材料的位置和种类。签约国还同意，为了能够进入国际核市场，它们允许国际原子能机构派出调查员和监督员来确认它们关于核材料的报告，并且对它们的核材料进行检查。

有些国家以前没有签署该条约，并且有能力使用国际间援助的核技术（通常情况下为民用）来发展核武器（印度，巴基斯坦，以色列和南非）。南非后来也成为了防止核武器扩散条约的签约国，现在南非是世界上唯一已知发展了核武器并被证实将其销毁了的国家。在那些签署了这项条约并且通过海运收到了一些零星的核材料的国家里面，许多国家已经宣称或者已经被指责尝试着使用民用的核电站来发展武器，例如说伊朗和朝鲜。有些种类的核反应堆比其他种类更容易被用来制造核武器，而且国际上的一些关于核武器扩散的争论已经聚焦到了具有发展核武器的野心的国家中某些具体的反应堆型号上。

一些新的技术，比如说 SSTAR，可能通过密封的核反应堆，有限的独立式核燃料供应和对于人为干涉的管制来降低核武器扩散的风险。

知识链接

在扩展核能的用途时，一个可能的障碍是铀矿石的储量限度，这在建造和运行增殖核反应堆时是必需的。但是，以现在的消耗速度来算，地球上还有足够的铀—“总的说来，能供我们开采的铀储量还能用几百（最高1000）年，即使使用标准的反应堆。”在卡特总统的领导班子对核燃料再处理下了禁令之后，美国境内的增殖反应堆全部被关闭了，对核燃料再处理下禁令是因为在再处理的过程中，武器级核材料扩散的风险是无法为人所接受的。

一些核能的支持者，对于核武器扩散的风险可能是国际间预防“不民主”的发展中国家获得任何核技术的原因之一表示赞同，但是他们说“民主”的发达国家没有任何理由关闭位于它们境内的核电站，特别是因为“民主国家”之间“不会挑起战争”。

核能的支持者还提出，核能与其他一些能源相似，能以同样的价格持续地供电，还不会让国与国之间争抢能源，而且国际间对于能源的争抢可能会导致战争。

2006 年 2 月美国宣布了它的一项新措施，即全球核能源合作计划。在此项计划当中，国际间会合作使用一种能够防止核扩散的核燃料再处理方法，同时也使发展中国家能够发展核能计划。

拓展思考

1. 你知道核电站对空气有什么影响吗？
2. 你知道核辐射对人类身体的影响吗？
3. 你知道核武器造成了什么吗？

第七章 核辐射

HEFUSHE

核辐射,或通常称之为放射性,存在于所有的物质之中,这是亿万年来存在的客观事实,是正常现象。核辐射是原子核从一种结构或一种能量状态转变为另一种结构或另一种能量状态过程中所释放出来的微观粒子流。核辐射可以使物质引起电离或激发,故称为电离辐射。电离辐射又分直接致电离辐射和间接致电离辐射。直接致电离辐射包括质子等带电粒子。间接致电离辐射包括光子、中子等不带电粒子。

什么是核辐射

Shen Me Shi He Fu She

核反应指的是入射粒子或者原子核与原子核（称之为靶核）碰撞导致原子核状态发生变化或者形成新核的过程。反应前后的能量、动量、角动量、质量、电荷与宇称都必须守恒。核反应是宇宙中早已普遍存在的极为重要的自然现象。现今存在的化学元素除了氢以外都是通过天然核反应合成的，在恒星上发生的核反应是恒星辐射出巨大能量的源泉。

除此以外，宇宙射线时时刻刻都在地球上引起核反应。自然界的碳14大部分是宇宙射线中的中子轰击氮14产生的。1919年英国的E. 卢瑟福用天然放射性物质的α粒子轰击氮，首次用人工实现了核反应。30年代初加速器的出现和40年代初反应堆的建成，为研究核反应提供了强大有力的工具。目前已经能把质子加速到5×10^5兆电子伏，将铀原子核加速到约9×10^4兆电子伏，并能获得介子束。高分辨率半导体探测器的使用，大大提高了测量核辐射能量的精度。核电子学和计算机技术的发展，从根本上改善了数据的获取和处理能力。在过去半个多世纪的时间里，研究过的核反应数以千计，制备出了自然界不存在的放射性核素约2000种，发现了300余种基本粒子，获得了有关核素性质、核转变规律、核结构、基本粒子以及自然界四种相互作用的规律和相互联系的大量知识。

◎辐射定义

放射性物质以波或微粒形式发射出的一种能量就叫核辐射，核爆炸和核事故都有核辐射。核辐射主要是α、β、γ三种射线：

α射线是氦核，只要用一张纸就能挡住，不过一旦吸入体内就会产生巨大危害；

β射线是电子流，照射皮肤后会有明显烧伤。这两种射线由于穿透力小，影响距离比较近只要辐射源不会进入体内，影响就不会太大；

γ射线的穿透力非常强，是一种波长很短的电磁波。γ辐射和X射线相似，能够穿透人体和建筑物，危害距离远。宇宙、自然界能产生放射性的物质不少但危害都不太大，只有核爆炸或者核电站事故泄漏的放射性物质才能大范围地对人员造成伤亡。电磁波是很常见的辐射，对人体的影响

主要由功率（与场强有关）和频率决定。通讯用的无线电波是一种频率较低的电磁波，如果按照频率从低到高，波长从长到短的次序排列，电磁波可以分为：长波、中波、短波、超短波、微波、远红外线、红外线、可见光、紫外线、X 射线、γ 射线、宇宙射线。以可见光为界，频率低于（波长长于）可见光的电磁波对人体产生的主要是热效应，频率高于可见光的射线对人体主要产生化学效应。

定义 1

我们来分析一下“原文”中对“核反应”的定义：“原子核在其他粒子的轰击下产生新原子核的过程，称为核反应”。这个定义明显是有一定局限性的，实际上描述的是另外一种原子核反应类型——原子核的人工转变（包括重核裂变等）。

※ 核爆炸的杀伤和破坏效应

定义 2

像铀、钍和镭这些放射性元素，原子核内的质子和中子可以连续地由高能排列变成低能排列，这就称为“核反应”，释放出来的多余能量叫做“原子核能”。

定义 3

当用一定能量的人射核子去轰击原子核时，由于两者之间的相互作用而引起原子核的变化，这个过程称为核反应。历史上第一个人工核反应是 1919 年卢瑟福用天然放射源（钋 Po）产生的。

定义 4

所谓核反应，是指原子核受一个粒子撞击而放出一个或几个粒子的过程。在对其研究的过程中，实验工作者常采用静止的实验室坐标系，进行数据的实际测量。

定义 5

原子核反应及方程式原子核发生转变的过程称为核反应。书写核反应方程的依据是反应前、后电荷数不变，质量数也不变。

按人射粒子的不同，核反应可以分为三种类型：①带电粒子核反应，如质子引起的核反应（p，γ）、（p，n）、（p，p）、（p，p′）、（p，α）、（p，

2n）等，氘核引起的核反应（d，n）、（d，p）、（d，α）等，α粒子引起的核反应（α，n）、（α，2n）、（α，p）等，重离子引起的核反应（12C，4n）、（22Ne，6n）等；②中子核反应，如中子的弹性散射（n，n）、非弹性散射（n，n′），中子的辐射俘获（n，γ），发射带电粒子的核反应（n，p）、（n，α）等，又如中子裂变反应（n，f），发射两粒子的核反应（n，2n）、（n，pn）等；③光核反应，即光子引起的核反应，如（γ，n）、（γ，p）、（γ，α）、（γ，f）等。按入射粒子的能量，核反应又大致可以分为三类：①低能核反应，入射粒子能量低于108电子伏，对于较轻的重离子，每个核子平均能量低于107电子伏（如108电子伏的碳12核），也属于低能核反应的范畴，低能核反应的出射粒子的数目最多为3～4个；②中能核反应，入射粒子能量在108～1010电子伏之间；③高能核反应，入射粒子能量大于1010电子伏。

▶知识链接

常用辐射单位：

物理量老单位新单位换算关系

活度居里（Ci）贝克［勒尔］（Bq）$1Ci=3.7\times10^{10}Bq$

照射量伦琴（R）库仑/千克（C/kg）$1R=2.58\times10^{-4}C/kg$

吸收剂量拉德（rad）戈［瑞］（Gy）1Gy=100rad

剂量当量雷姆（rem）希［沃特］（Sv）1Sv=100rem

◎天然辐射

天然辐射主要有三种来源：体内放射性物质、宇宙射线和陆地辐射源。据有关资料统计，天然辐射造成的公众平均年剂量值如下表所列。照射成分年有效剂量（毫希）：

正常本地地区照射量升高的地区宇宙射线0.382.0

宇生放射性核素0.010.01

陆地辐射：外照射0.464.3

陆地辐射：内照射（氡除外）0.230.6

陆地辐射：氡及其衰变物的内照射

吸入222Rn1.210

吸入220Rn0.070.1

食入222Rn0.0050.1

总计2.4

◎人工辐射

人工辐射源包括放射性诊断和放射性治疗辐射源例如 x 光、核磁共振等、放射性药物、放射性废物、核武器爆炸的落下灰尘以及核反应堆和加速器产生的照射等。根据相关资料记载，人工辐射源对公众产生的平均。

年剂量值如下表所列：

辐射源剂量（毫希/年）

放射诊断：0.22

放射治疗：0.03

医用同位素：0.002

放射性废物：0.002

核爆炸落下尘：0.01

职业照射：0.009

其他辐射源：0.012

核电站周围：0.001～0.02

◎什么是核反应

核反应：核子、核或者其他粒子与靶核碰撞，导致靶核质量、电荷或能态发生变化的现象。反应前后的核子数、电荷数、能量和动量都守恒。所属学科：电力（一级学科）；核电（二级学科）

核反应，指的是粒子（如中子、光子、π 介子等）或者原子核与原子核之间的相互作用引起的各种变化。

◎核反应的特点

1. 连锁反应

某些核反应存在连锁反应的现象，比如：U－235 和中子的核反应：只要有一个中子轰击 U－235，就会放出 3 个中子，3 个中子再去轰击 U－235 就会生成 9 个中子，这样持续不断的进行下去，在几微秒的时间里面，就使反应进行得非常剧烈而放出巨大的能量，具有这种特点的反应，我们称之为连锁反应。原子弹的爆炸能够这样的剧烈，就是由于发生了连锁反应。

2. 伴随核辐射

在 U－235 与中子的核反应里面，如果反应不密封的话，产生的中子会以光速射向周围环境，继而形成辐射。以光速运动的微小粒子都能产生辐射。辐射看不见、摸不着。不过可以通过仪器测出来。少量的辐射对人体不产生影响，而且人类还利用辐射为人类造福，比如说医院用X光给病人做胸透，化疗是目前治疗癌症比较常用的一种方法，它的原理就是利用辐射来杀死癌细胞。但是辐射量一多，就会对人体产生伤害。例如X光可以用于检查疾病，但是如果孕妇照X光的话，就有可能导致婴儿畸形或基因变异。同样，接受化疗的病人，会有脱发、恶心、乏力等副反应出现。剂量再大一点的辐射，还会使成人产生基因变异，诱发皮肤癌、血癌等疾病。大量的辐射，还会烧伤甚至烧死一切有生命的物质。

3. 高效。

4. 清洁、无污染。

核能是一种清洁、无污染的新能源：以法国为例：1980～1986年期间，法国核电占总发电量的比例为24%～70%，在此期间法国总发电量增加40%，而排放的含硫物质降低了9%，尘埃减少了36%。大气质量明显改善。

日本福岛第一核电站的事故“辐射”一词已经提升为一个热门话题。

据日本时事社29日的报道，在福岛第一核电站区域里面的5处地点采集的土壤样本进行检测，检测出了放射性钚。这些土壤样本采集于本月21日和22日，东京电力公司委托外部专门机构进行了检测，并且从中检测出微量的钚－238、钚－239和钚－240。

背景资料：

钚（英语：Plutonium）也属于一种放射性毒物。原子序数为94，元素符号是Pu，是一种具放射性的超铀元素。它属于锕系金属，外表呈银白色，但是接触空气以后容易锈蚀、氧化，在表面生成无光泽的二氧化钚。

钚有六种同素异形体和四种氧化态，卤素、易和碳、硅、氮起化学反应。易暴露在潮湿的空气中时会产生氧化物和氢化物，其体积最大可膨胀70%，屑状的钚能自燃。所以，在操作、处理钚元素的时候具有一定的危险性。

放射性物质会造成对人体的危害吗？

大气和环境里面的放射性物质，可以经过皮肤、呼吸道、消化道、遗传、直接照射等途径进入人体，一部分放射性核元素进入人体生物循环，并且经食物链最终进入人体，导致基因突变或者癌变。

资料显示：核电站燃料的铀氧化物开始裂变反应以后，会产生大量的能量同时释放出中子并且生成高度放射性的钚－239，这些生成的钚－239再次发生裂变，再释放出更多能量。钚比铀的放射性更大，毒性更强。影响周边环境，严重损害人类健康。核安全问题专家介绍，钚对人体肺和肾

有很大的危害。

应该采取什么防护措施呢？

广东放射性医学专家指出，遭遇核辐射应该尽可能的缩短被照射时间，远离放射源，特别要注意屏蔽。进出核污染地区的时候，要穿防护服，并且及时淋浴，清除核污染。做到内外兼防。

1. 体外照射的防护原则：尽可能远离放射源；尽可能缩短被照射时间；利用钢板、铅板或者墙壁挡住或降低照射强度。当放射性物质释放到大气中形成烟尘通过时，要及时进入建筑物里面，关闭门窗和通风系统，隐蔽要避开门窗等屏蔽差的部位。

2. 体内照射的防护原则：减少吸收，避免食入，增加排泄，避免在污染地区逗留；清除污染，减少人员体内污染机会。

◎辐射防护

辐射防护是研究保护人类（系指全人类、其中的部分或个体成员以及他们的后代）免受或者少受辐射危害的应用学科，有时也指用于保护人类免受或者尽量少受到辐射危害的要求、手段、措施和方法。辐射包括电离辐射和非电离辐射。在核领域，辐射防护专指电离辐射防护。美国现在通过地下研究和开发避难所来进行辐射防护。

辐射的种类：自然界存在着三种射线：α（阿尔法）射线、β（贝塔）射线和γ（伽玛）射线。人类接受的辐射有两个途径，被称之为内照射和外照射。α、β、γ三种射线由于其性质不同，其穿透物质的能力与电离能力也不同，他们对人体造成危害的方式不同。α粒子只有进入人体内部的时候才会造成损伤，这就是内照射；γ射线主要从人体外对人体造成损伤，这就是外照射；β射线既造成内照射，又造成外照射。

辐射的危害：在人们长期的实践和应用过程中发现，少量的辐射和照射不会危及到人类的健康，过量的放射性射线照射对人体会产生伤害，使人患病、患癌，重者致死。受照射时间越长，受到的辐射剂量就越大，危害也越大。

▶知识链接

·辐射防护原则·

辐射防护三原则是指：1. 实践的正当性；2. 防护水平的最优化；3. 个人受照的剂量限值。

国际基本安全标准的剂量限值为：剂量限值 5 年平均值（毫希/年）任一年值（毫希/年）；职业照射 2050 公众照射 15。

注：中国将颁发的标准等采用国际基本安全标准。

外照射防护方法：体外辐射源对人体的照射称外照射。外照射的防护方法主要有：1. 受照射时间的控制；2. 增大与辐射源间的距离；3. 采用屏蔽物屏蔽。

控制内照射原则：进入人体内的放射性核素作为辐射源对人体的照射称内照射。控制内照射主要依据以下原则：1. 防止或减少放射性物质进入体内；2. 对于放射性核素可能进入体内的途径要予以防范；3. 通过药物或其他手段使已经进入人体的放射性物质排出体外。

α射线防护：由于α粒子的本质为氦原子核，故而其穿透能力最弱而电离能力最强，一张白纸就能把它挡住，因此，对于α射线应注意内照射，其进入体内的主要途径是呼吸和进食时，其防护方法主要是：1. 防止吸入被污染的空气和食入被污染的食物；2. 防止伤口被污染。

β射线防护：β粒子射线的本质是电子流。其穿透能力比α射线强，比γ射线弱。因此，β射线是比较容易阻挡的，用一般的金属就可以阻挡。但是，β射线容易被表层组织吸收，引起组织表层的辐射损伤。因此其防护就复杂的多。

1. 避免直接接触被污染的物品，以防皮肤表面的污染和辐射危害；

2. 防止吸入被污染的空气和食入被污染的食物；

3. 防止伤口被污染；

4. 必要时应采用屏蔽措施。

γ射线防护：γ射线的本质为具有高能量的光子（γ粒子）流，故而其穿透力最强而电离能力最弱，可以造成外照射，其防护的方法主要有以下三种：

1. 尽可能减少受照射的时间；

2. 增大与辐射源间的距离，因为受照剂量与离开源的距离的平方成反比；

3. 采取屏蔽措施。在人与辐射源之间加一层足够厚的屏蔽物，可以降低外照射剂量。屏蔽的主要材料有铅、钢筋混凝土、水等，我们住的楼房对外部照射来说是很好的屏蔽体。如果看到核爆炸闪光后，应立即背向爆心卧倒。之后用淋浴消除放射性物质。

效应：核爆炸头10几秒内放出的中子和γ射线对生物体、电子器件和其他物体的杀伤破坏作用以及效果。由于中子和γ射线具有很强的贯穿能力，又叫做贯穿辐射效应。早期核辐射主要由弹体内核反应产生，有的从裂变产物中释放，有的由中子与空气作用产生。早期核辐射对人员和物体的损伤程度取决于吸收剂量（也就是单位质量的物质吸收射线的能量），其单位为戈［瑞］，指每千克受照射物质吸收一焦［耳］射线能量的吸收剂量。早期核辐射可直接或间接使物质电离，造成辐射损伤，其主要杀伤破坏对象是人员和电子器件。人员在短时间内受到1戈瑞以上剂量照射时会发生急性放射病；电子器件在大剂量或高剂量率作用下会引起瞬态干扰和永久损坏；瞬发γ射线可引起核电磁脉冲、内电磁脉冲和系统电磁脉冲；中子还会使某些物质产生感生放射性；γ射线会使摄影胶片感光和光

※ 核辐射致日本海洋动物死亡变异

学玻璃变暗等效应。早期核辐射的强度由于空气吸收，随距离的增加衰减很快，即使千万吨梯恩梯当量级的大气层核爆炸，早期核辐射的杀伤破坏事半径也不超过 4 千米。早期核辐射穿过物体的时候强度将被削弱，可以用一定厚度的物质来防护，工事和重型兵器本身对早期核辐射效应都有一定的防护作用。

◎防辐原则

辐射防护三原则是指实践的正当性、防护水平的最优化和个人受照的剂量限值。

剂量约束和电离辐射又分直接致电离辐射和间接致电离辐射。直接致电离辐射包括质子等带电粒子。间接致电离辐射包括光子、中子等不带电粒子。

◎剂量限值

剂量限值 5 年平均值（毫希/年）任一年值（毫希/年）；职业照射 2050；公众照射 15；注：中国将颁发的标准等效采用国际基本安全标准。

职业照射剂量限值：应该对任何工作人员的职业照射水平进行控制，使其不可以超过下列限值：1）由监管部门决定的连续 5 年的年平均有效剂量，20 毫希弗；2）任何一年中的有效剂量，50 毫希弗；3）眼晶体的年当量剂量，150 毫希弗；4）四肢（手与足）或皮肤的年当量剂量，500 毫希弗。

公众照射剂量限值：实践使公众里面的有关关键人群组的成员受到的平均剂估计值不应超过下述限值：1）年有效剂量，1毫希弗；2）特殊情况下，如果5个连续年的年平均剂量不超过1毫希弗/a，则某一单一年份的有效剂量可提高到5毫希弗；3）眼晶体的年当量剂量，15毫希弗；4）皮肤的年当量剂量，50毫希弗。

潜在照射：设置剂量限值的目的是为了限制实在照射的危害。但是潜在照射的发生概率和水平难以确定的情况下，应该选取最优化结果确定其发生概率和水平。

◎效应

核爆炸头10几秒内放出的中子和γ射线对生物体、电子器件和其他物体的杀伤破坏作用以及效果。由于中子和γ射线具有很强的贯穿能力，又叫做贯穿辐射效应。早期核辐射主要是由弹体内核反应产生的，可能从裂变产物中释放，也可能由中子与空气作用产生。早期核辐射对人员和物体的损伤程度取决于吸收剂量（也就是单位质量的物质吸收射线的能量），其单位为戈［瑞］，指每千克受照射物质吸收一焦［耳］射线能量的吸收剂量。早期核辐射可直接或间接使物质电离，造成辐射损伤，其主要杀伤破坏对象是人员和电子器件。人员在短时间内受到1戈瑞以上剂量照射时会发生急性放射病；电子器件在大剂量或高剂量率作用下会引起瞬态干扰和永久损坏；瞬发γ射线可引起核电磁脉冲、内电磁脉冲和系统电磁脉冲；中子还会使某些物质产生感生放射性；γ射线会使摄影胶片感光和光学玻璃变暗。早期核辐射的强度由于空气吸收，随距离的增加衰减很快，即使千万吨TNT当量级的大气层核爆炸，早期核辐射的杀伤破坏事半径也不超过4千米。早期核辐射穿过物体的时候强度会被削弱，可以用一定厚度的物质来进行防护，工事和重型兵器本身对早期核辐射效应都有一定的防护作用。

拓展思考

1. 你知道核反应指的是什么吗？
2. 常用的辐射单位你知道吗？
3. 你知道辐射的原则吗？

核辐射的危害

He Fu She De Wei Hai

◎辐射最可能导致的损害

最严重的长期的健康风险就是癌症。通常当体细胞受到损害或者老化到一定程度的时候，它们会自我消除。当这种自我消除的能力消失的时候，细胞会获得“永生”，可以不受控制地不断地进行分裂，从而演化成癌症。

我们的机体有许多机制来阻止细胞癌变，并且替换受损的组织。但是辐射所带来的损害会严重的搅乱机体里面的这些机制，从而使得癌症的风险大大提高。除此之外，如果机体不能对辐射带来的化学键的破坏和改变进行很好的修复，我们的基因里有可能会产生突变。这些突变不但会增高自身的癌症风险，同时也有可能被传递下去，使得辐射的作用在子孙身上展现出来。这些作用包括眼部发育缺陷、生长缓慢、较小的头部与脑部和严重的认知学习缺陷。

健康受损程度取决于暴露在辐射里面的时间及放射性物质的衰变中产生电离辐射。它能够破坏人体组织里分子和原子之间的化学键，可能对人体重要的生化结构与功能产生严重影响。

我们的身体会尝试修复这些损伤，但是有时损伤非常严重或者涉及太多组织与脏器，以至于达到了不可能修复的状态。

而且，身体在自然修复的过程中，也很自身可能产生错误。最容易为辐射所伤的身体部分包括肠胃上皮细胞以及生成血细胞的那些骨髓细胞。

◎日本核辐射云扩散

联合国在 2011 年 3 月 16 日发表预测称，日本福岛核电站爆炸产生的核辐射云有可能在当地时间 18 日晚些时候抵达加利福尼亚州。但是美国专家同时反复强调，飘到美国的辐射物对人体造成的危害是很有限的。

这份调查报告是由总部设在维也纳的全面禁止核试验组织发表的。这个组织的日常工作就是监测世界各地的核试验和核物质扩散情况。报告给出了福岛核电站产生的辐射云飘移路线，不过没有透露辐射云的具体辐射指数。

根据目前的风向预测，这些核辐射云最快可能会在当地时间 18 日晚上抵达美国南加州。报告同时也指出，如果气象条件发生变化，那辐射云的飘移路线也会随之发生变化。

地震海啸袭击日本，而日本福岛核电站发生爆炸，辐射有可能将达100千米。核电站核辐射到底有多可怕?

1. 核辐射对人的危害

核泄漏一般情况下对人员的影响表现在核辐射，也叫做放射性物质，放射性物质可以通过呼吸、皮肤伤口以及消化道吸收进入体内，引起内辐射，y 辐射可穿透一定距离被机体吸收，使得人员受到外照射伤害。

内外照射形成放射病的症状有：疲劳、失眠、头昏、皮肤发红、溃疡、脱发、出血、呕吐、腹泻、白血病等。有的时候还会增加癌症、畸变、遗传性病变发生率，影响几代人的健康。一般讲，身体接受的辐射能量越多，它的放射病症状越严重，致癌、致畸风险越大。

※ 由日本核辐射联想到的切尔诺贝

2. 核辐射症状

短时间内大剂量电离辐射引起的放射性损伤，被叫做急性放射病。较长时间超过允许剂量的辐射损伤，被叫做慢性放射病。这种病常见于接受过量射线的工作人员、公众以及核武器爆炸的罹难者，主要引发造血功能障碍、组织坏死、内脏出血、感染以及恶性变等。

其中核辐射导致的全身外照射损伤主要出现在急性放射病典型病程的初期，表现为恶心、呕吐、疲劳、发热和腹泻。“假愈期”患者持续时间长短不同，症状有所缓解。严重的发展到了极期的时候会有感染、出血和胃肠症状。经恰当治疗以后上述症状会逐渐的缓解。

而局部照射损伤是随着受照剂量的不同，在受照的部位可能会出现红斑、水肿、湿性脱皮和干性脱皮、疼痛、起水泡、坏死、坏疽或者脱发等症状。局部皮肤损伤通常持续几周到几个月，严重者常规方法难以治愈。但是，外照射多见于核电站工作人员。

体内污染引起的内照射一般没有明显的早期症状，除非摄入量很高，但这种情况非常罕见。

◎辐射环境

事实上，人类的生活没有一刻离开过放射性，这些放射性是天然放射性，主要来自三个方面：

1. 地面和建筑物中的放射性；
2. 人体内部的放射性。
3. 宇宙射线；

微量的放射性不会危及健康。

◎人们的放射性活动

人类的许多活动都是离不开放射性的。比如，人们摄入的食物、空气和水中的辐射照射剂量约为 0.25 毫希/年。带夜光表每年有 0.02 毫希；乘飞机旅行 2000 千米约 0.01 毫希；每天抽 20 支烟，每年有 0.5～1 毫希；一次 X 光检查 0.1 毫希等。

因为核电而增加的辐照剂量，专家们研究调查表明：全人类集体辐照剂量里面，3/4 来自自然界。约 1/5 来自医疗及诊断，核电的份额是 1/400。假定全球人类的预期寿命有 60 岁，那么每天抽一包烟最终会减寿 7 年，然而核电的影响是减寿 24 秒。

对于核辐射污染，也就是放射性污染，常人往往只注意到现代科学研究中的核辐射核工厂里某些特殊车间产生的放射性物质造成的危害，或者医院的 X 射线治疗所产生的放射性造成的影响及损害，而未考虑平常生活中还会有放射性污染源。事实上，生活中的放射性物质可以通过许多种途径进入到人体，造成对机体的慢性损害。要防止生活中的放射性污染源对人体健康的危害，有关执法部门要增强环境保护意识的宣传。另一方面政府及执法部门要加强对放射性物质的管理，要对容易受放射性物质污染的商品进行定期监测。

注意居室里面的放射性污染：随着工业的发展，经常利用工业废渣做建筑材料，而且可能造成建材里面含有一些放射性物质，经过放射性衰变产生了放射性气体以及其子体产物，悬浮于室内空气中，氡以及其子体产物放射出能量较高的 α 射线（粒子），人若吸进这样的气体就会照射人体肺组织。如果长期受到照射，就容易产生支气管炎和肺癌等疾病。另外据国外报道，大多数家庭居室中自然出现的放射性气体氡，一旦与烟气混合在一起，将会对人体造成致命的影响。氡是肺癌的一个致病因素。除此之外，装修居室用的花岗岩以及其他板石材料也含有一定量的氡，特别是通风性不好的时候，可造成居室内放射性污染加重。经监测表明，室内氡气多在通风不良的地方积累，所以要经常打开居室的窗户，促进空气流通，使氡稀释，这是减少室内氡浓度的良好措施。装修房屋用的石（板）材要有选择地使用。石材的放射性核素含量随矿床、所在地等天然条件的不同而有所增减，必须对其进行监测，才可以知道是否适合居室装修。

谨防饮用水的核污染：加强对饮用水源地的环境的保护，谨防饮用水受到核污染。受放射性物质污染的水不能直接饮用。

如果用受放射性物质污染的水浇灌农作物、蔬菜，其放射性物质的含量会普遍增高，食用则有害人体健康。

知识链接

中国矿泉水水源丰富，其中也有不少水源在流经途中受到人工或天然的放射性污染。据报道，通过有关部门监测某些盲目开发的矿泉水水源中含氡的浓度过高，若长期饮用这种矿泉水就会危害身体。因此，各地有关执法和监督部门，要对矿泉水的开发项目要严加管理，不仅要严格控制商品矿泉水的卫生指标，还要重视它是否受到放射性物质的污染。

要防燃煤的放射性污染：燃煤里面常常含有少量的放射性物质。研究分析表明，许多的煤炭烟气里面含有 U、Th、Ra、210Po 和 210Pb。大多数情况下，尽管这些物质含量稀少，但是如果长期的聚集，它的放射性物质也会随空气以及烘烤的食物进入人体，造成机体的慢性损害。

平时生活使用燃煤，一定要注意通风排气，警惕煤烟通过呼吸进入到人体内。禁止食用煤炭直接烘烤食物，特别是烟叶、茶叶、饼干和肉类等。如果必须使用燃煤（碳）烘烤食物的时候也要注意屏蔽，不要让食物与煤烟直接接触。

不要长期佩戴金银首饰：佩戴金银首饰是人们，特别是女士们美容化

妆是重要生活内容。殊不知经常佩戴首饰也会给人们带来烦恼，那就是容易患“首饰病”，也就是皮肤病。

通常情况下，除了纯金（24K）首饰以外，其他的首饰在制作过程中都要掺入少量钢、铬、镍等材质，特别是那些异常光彩夺目的或者廉价合成首饰制品，这些首饰制品的材质成分更加复杂，对人的皮肤造成伤害的可能性会更大。据报道，美国专家在检验了几千件首饰以后发现，其中有近百件含有放射性物质。这些放射性元素对人体有严重地损害，如果长期佩戴，有可能诱发皮肤病或皮癌。金银首饰，不宜常戴。常戴的首饰制品，最好预先进行含放射性物质测定。

室内摆件虽然体积和重量均较小，不过因为它们是“宠物”，与人紧密贴近，其放射性有时也会伤人：

宝石，包括名贵的蓝宝石、金刚石（钻石）、红宝石、祖母绿和猫眼及普通玛瑙、宝石水晶和石榴石等。这类宝石经检测，尚未发现有高放射性的，例如水晶，是石英晶体，放射性就非常低，玛瑙放射性也不高。

玉石，包括硬玉和软玉还有多种用于工艺美术雕刻的矿物和岩石，如辽宁的岫岩玉和新疆的和田玉，浙江的“青田玉雕”，天津的“彩玉雕”，广东的“广片”和湖北的“松石雕”等。其中如大理石以及与之相近的云石、汉白玉、东北红、东北绿、曲纹玉、桃红、艾叶青、曲阳玉等，以及它的制品都是由灰岩变质而成的，放射性都很低。

“夜明珠”，据悉，一是由重晶石中的部分钡置换镭后，经过加工而成的，夜能发光，有很强的放射性；二是由萤石经加工而成，在加热或在紫外线照射下显萤光，在受到铀照射后，可具不同程度的放射性；三是由某些含磷的物质加工而成，一般具放射性；四是由某些材料加工而成；五是由辐照而成。“夜明珠”是否具有放射性会伤人，一要看放射性安全证明，二要经过实测，并以国际或国家标准来衡量。

◎对人体的危害

放射性物质可以通过呼吸吸入，皮肤伤口以及消化道吸收进入体内，引起内辐射，外辐射可穿透一定距离被机体吸收，使人员受到外照射伤害。内外照射形成放射病的症状有：疲劳、失眠、头昏、皮肤发红、出血、溃疡、脱发、白血病、呕吐、腹泻等。有时还会增加癌症、畸变、遗传性病变发生率，影响几代人的健康。一般讲，身体接受的辐射能量越多，其放射病症状越严重，致癌、致畸风险也越大。

具体来说：轻度损伤，可能发生轻度的急性放射病，例如乏力，不适，食欲减退。中度损伤，可以引起中度急性放射病，如头昏、恶心、乏力、有呕吐、白细胞数下降。重度损伤的时候，能够引起重度急性放射病，虽然经过治疗但是受照者有50%可能在30天以内死亡，其余50%能恢复。表现为多次呕吐，可有腹泻，白细胞数明显下降。极重度损伤，引起极重度放射性病，死亡率很高。多次吐、泻，休克，白细胞数急剧下降。核事故和原子弹爆炸的核辐射都会造成人员的立即死亡或重度损伤。还会引发癌症、不育、怪胎等。

以下是遭受的辐射量（单位：毫雷姆）的后果：450000～800000：30天内将进入垂死状态；200000～450000：掉头发，血液发生严重病变，一些人在2～6周内死亡；60000～100000：出现各种辐射疾病；10000：患癌症的可能性为1/130；5000：每年的工作所遭受的核辐射量；700：大脑扫描的核辐射量；60：人体内的辐射量；10：乘飞机时遭受的辐射量；8：建筑材料每年所产生的辐射量；1：腿部或者手臂进行X光检查时的辐射量。（注：这里使用的单位是雷姆（rem），现行单位为希（Sv）1Sv＝100000rem）

胚胎与胎儿的损伤：胚胎和胎儿对辐射是很敏感，在胚胎植入前接触辐射可能会使死胎率增高；在器官形成期接触，可能使胎儿畸形率升高，新生儿死亡率也会相应升高。根据流行病学调查显示，在胎儿期受照射的儿童里面，白血病和某些癌症的发生率较对照组为高。

远期效应：在中等或者大剂量范围里面，核辐射致癌已经为动物实验和流行病学调查所证实。在受到急慢性照射的人群里面，白细胞严重下降，甲状腺癌、乳腺癌、肺癌和骨癌等各种癌症的发生率随照射剂量增加而增高。

受核辐射污染以后的后遗症问题：受辐射污染后6个月，会发生的机体变化，包括白内障、晶体浑浊、女性卵巢和男性睾丸受影响导致永久性不育、骨髓受损出现造血功能障碍，以及出现各种癌症。另外也会有遗传效应，令生殖细胞基因或者染色体发生变异，导致出现畸胎等问题。

◎危害原理

人体有两类细胞分别是躯体细胞和生殖细胞，它们对电离辐射的敏感性和受损后的效应是不同的。电离辐射对机体损伤的本质是对细胞的灭活作用，当被灭活的细胞达到一定数量的时候，躯体细胞的损伤会导致人体器官组织发生疾病，最终可能会导致人体死亡。躯体细胞一旦死亡，损伤细胞也就随之消失了，不会转移到下一代。

在电离辐射或者其他外界因素的影响下，可能导致遗传基因发生突变，当生殖细胞中的 DNA 受到损伤时，后代继承母体改变了的基因，导致有缺陷的后代。所以人体一定要避免被大剂量照射。

※ 因核辐射而被废弃的俄罗斯村落

知识链接

1957 年 9 月 29 日：苏联乌拉尔山中的秘密核工厂“车里雅宾斯克 65 号”一个装有核废料的仓库发生大爆炸，迫使苏联当局紧急撤走当地 11000 名居民。

1957 年 10 月 7 日：英国东北岸的温德斯凯尔一个核反应堆发生火灾，这次事故产生的放射性物质污染了英国全境，至少有 39 人患癌症死亡。

1961 年 1 月 3 日：美国爱荷华州一座实验室里的核反应堆发生爆炸，当场炸死 3 名工人。

1967 年夏天：前苏联“车里雅宾斯克 65 号”用于储存核废料的“卡拉察湖”干枯，结果风将许多放射性微粒子吹往各地，当局不得不撤走了 9000 名居民。

1971 年 11 月 9 日：美国明尼苏达州“北方州电力公司”的一座核反应堆的废水储存设施发生超库存事件，结果导致 5000 加仑放射性废水流入密西西比河，其中一些水甚至流入圣保罗的城市饮水系统。

1979 年 3 月 28 日：美国三里岛核反应堆因为机械故障和人为的失误而使冷却水和放射性颗粒外逸，但没有人员伤亡报告。

1979 年 8 月 7 日：美国田纳西州浓缩铀外泄，结果导致 1000 人受伤。

1986 年 1 月 6 日：美国俄克拉荷马一座核电站因错误加热发生爆炸，结果造成一名工人死亡，100 人住院。

1986 年 4 月 26 日：苏联切尔诺贝利核电站发生大爆炸，其放射性云团直抵西欧，造成约 8 千人死于辐射导致的各种疾病。爆炸最终导致 20 多万平方千米的土地受到污染，今天的乌克兰、俄罗斯和白俄罗斯受到的核污染最严重。这次事故造成的放射性污染遍及苏联 15 万平方千米的地区，那里居住着 694.5 万人。由于这次事故，核电站周围 30 千米范围被划为隔离区，附近的居民被疏散，庄稼被全部掩埋，周围 7 千米内的树木都逐渐死亡。在日后长达半个世纪的时间里，10 千米范围以内将不能耕作、放牧；10 年内 100 千米范围内被禁止生产牛奶。切尔诺贝利的核辐射通过风力、雨水等传播途径，污染了乌克兰、白俄罗斯、俄罗斯等一些堪称世界上最富饶的土壤。切尔诺贝利核事故所泄漏的放射性粉尘有 70% 飘落在白俄罗斯境内。事故发生初期，白俄罗斯大部分公民都受到不同程度的核辐射，6000 平方千米土地无法使用，400 多个居民点成为无人区，政府不得不关闭了 600 多所学校、300 多个企业以及 54 个大型农业联合体。

2011 年 3 月 12 日：日本东京电力公司福岛第一核电站 3 号机组当地时间上午 11 点过后发生氢气爆炸。福岛县政府 13 日发布消息称，新确认有 19 名从福岛第一核电站方圆 3 千米撤离的人员遭到核辐射，已确认遭核辐射的人数由此上升至 22 人。福岛第一核电站泄漏的核物质已经飘至东京，东京地区的放射线量已经超过了往常的 20 倍，而且继续处于上升的趋势。

2011 年 3 月 15 日：日本东京电力公司神福岛第二核电站发生爆炸，1～4 号机组在地震发生后全部自动关闭，3 号机组立即进入“冷温停止”状态。截至 15 日，1、2 及 4 号机组全部实现“冷温停止”的稳定状态，脱离紧急状态。

拓展思考

1. 你知道辐射最可能导致的损害是什么吗？
2. 你知道辐射的环境吗？
3. 你知道辐射对人体的危害吗？

预防核辐射

Yu Fang He Fu She

一旦核反应堆的安全壳发生破损，就要尽量把释放的污染物控制在厂区内，同时控制地下水水源和土壤。避免放射性物质和灰尘碰在一起，否则放射性物质将会随着流动的空气扩散。

核电站平时也会给周围居民发放一些应急物品，例如碘制剂，一旦发生核泄漏就立刻服用。

尽量避免外出，尽量留在室内密闭的空间。如果一定要出门的话，就用湿毛巾捂住口鼻，并且尽量的减少裸露的皮肤和空气接触。

如果核电站发生泄漏，附近居民首先应该撤离，距离防护是第一位的。

八种有特殊防治效果的果蔬，番茄红素：番茄红素不仅具备卓越的抗辐射能力，且抗氧化能力极强。番茄红素广泛存在于番茄、西瓜、番石榴、杏、红葡萄、番木瓜等水果以及蔬菜中。其中番茄中的番茄素含量相对较高，多存在于番茄的皮和籽中。除此之外，番茄红素是脂溶性维生素，必须用油炒过才能被人体吸收。

螺旋藻食品：螺旋藻含有丰富的植物蛋白，多种维生素、氨基酸、微量元素、矿物质和生物活性物质，可以促进骨髓细胞的造血功能，增强骨髓细胞的增殖活力，促进血清蛋白的生物合成，从而提高人体的免疫力。所以，多吃海带、螺旋藻之类等具有明显的抗辐射作用的食品。

花粉食品：花粉食品作为一种新型的营养保健品风靡全球，被叫做“完全营养食品”，在营养食品中名列前茅。根据现代科学测定表明，每百克花粉的蛋白质含量能够高达 25～30 克，其中含有十几种氨基酸，并且呈游离状态，很容易被人体吸收。花粉里面还含有 40%的糖和一定量的脂肪，以及丰富的 B 族维生素和维生素 A、D、E、K 等，其中维生 E、K 都是被科学家证实的能够延缓人体细胞衰老过程的重要物质。花粉还含有铁、锌、钙、镁、钾等 10 多种无机盐和 30 多种微量元素及 18 种酶类，因此，花粉具有抗辐射效果。

银杏叶制品：银杏叶提取物中的多元酚类对防止和减少辐射有奇效，对于常年在核辐射环境中的工作人员，经常服用银杏叶茶，能升高白细胞，保护造血机能。

◎防治核辐射的方法

1. 能量供给要充足

辐射使身体能量消耗增加，身体组织对糖的利用能力下降，足够的能量供给有利于提高人体对辐射的耐受力，降低敏感性，减轻损伤保护身体。谷物里面的碳水化合物是身体所需能量的主要来源，一旦摄入量不足，将迫使体内脂肪和蛋白质不断转变为能量，造成蛋白质的相对不足，从而影响辐射损伤组织的修复，或者使辐射损伤加重。糖类供给以果糖最佳，葡萄糖次之，而后是蔗糖等。

2. 蛋白质不能少

蛋白质摄入不足的话会造成组织蛋白合成不足，导致肌肉、心、肝、肾、脾等脏器的重量减轻，出现功能障碍，从而对辐射的敏感性增高。所以，接触核辐射的人，要注意摄入充足的优质蛋白质，如多吃番茄、海带、胡萝卜、动物肝脏、瘦肉等富含维生素 A、C 和蛋白质的食物，增强肌体抵抗核辐射的能力。

3. 脂类摄入不宜高

人体受到辐射照射以后会口味不佳、食欲不振，脂肪的总供给量要适当减少，但需增加植物油的比重，其中油酸有促进造血系统再生功能，防治辐射损伤效果较好。

4. 多补充维生素

必需脂肪酸，维生素 A、K、E 和 B 族维生素，维生素缺乏，会降低身体对辐射的耐受性，宜加量供应。

5. 矿物质平衡尤为重要

体内钾、钠、钙、镁等离子浓度要保持平衡，否则不能维持水与电解质平衡，轻者损害健康，严重的时候甚至会危及生命。微量元素与其他营养相互之间的关系也很重要，锌对许多营养包括蛋白质与维生素的消化、吸收和代谢都有重要影响。辐射损伤时，矿物质包括微量元素在内，要保持平衡过量或不平衡，均会产生不良影响。

6. 无机盐供应宜加量

在膳食里面适量增加无机盐（主要是食盐），可以促使人增加饮水量，加速放射性核素随尿液、粪便排出，从而减轻内照射损伤。

7. 辛辣食物作用不低估

辛辣食物属于常用调料，同时也是抵御辐射的天然食品。经常吃辛辣

食物不但可以调动全身免疫系统，还能够保护细胞的DNA，使之不受辐射破坏。所以，经常吃辛辣食物，对身体健康非常有益。

日本经济产业省原子能安全和保安院12日宣布，受地震影响，福岛第一核电站的放射性物质泄漏到外部。从那以后，如何防辐射，成为众多博友的热议话题。微博上传言，吃碘盐、提前吃碘药能有效避免核辐射的危害。针对这一说法，浙医一院职业病科副主任、主任医师高慎永提醒："千万不要盲目购买碘盐、碘药服用。"

"日本地震以后，更多的人开始关注核辐射。我要提醒大家的是，一些常用的防辐射措施，例如喝绿茶、吃木耳、戴口罩、穿孕妇防辐射服，根本起不了作用。受到辐射污染，最好的方法是紧闭家里的门窗、勤洗手洗澡。"高慎永主任医师说道。

他说："碘盐里面所含的碘是极其微量的，吃碘药也必须在受到污染危害之后，一天一次，每次一颗碘化钾。自行购买提前吃，反而会对自己身体造成危害。"

◎核泄漏防护知识

1. 不要淋雨要穿戴帽靴。

避免被雨淋到。尽量减少裸露部位，穿长衣，白色长衣为好，佩带头巾、眼镜、戴帽子、手套、雨衣和靴子等。脖子（甲状腺）部位的保护尤其重要。

2. 彻底洗澡更换衣服。

如果你估计自己已经暴露于核辐射里面：立刻更换衣服和鞋子。把暴露过的衣物放在塑料袋里面。密封塑料袋，放到偏僻处。彻底洗一次澡，洗澡的时候应该先冲再洗。

3. 关闭窗户和通风口。

如果要求撤离，注意保持窗户和通风口的封闭，使用再循环空气。如果留在室内：关闭换气扇、锅炉、空调和其他进风口。在车上保持车窗和通风口封闭，并采用车内循环空气。

4. 进入地下别用电话要带收音机。

如果可以的话，进入地下室或其他地下区域。如果不是绝对必要，不要使用电话。注意随时携带一个用电池的收音机收听具体指令。

5. 封好食品勿饮海水淡化水。

将食品放在密闭容器里面或者冰箱里。事先没有封闭的食物应当先清洗再放入容器。不要饮用海水淡化水。

※ 日本核辐射过后的城市

6. 用铅板墙壁等遮挡降低照射强度。

尽可能的缩短被照射的时间；尽可能远离放射源；注意屏蔽，利用钢板、铅板或者墙壁挡住或降低照射强度。

7. 严防死守五官。

进入空气被放射性物质污染严重的地区时，要对五官严防死守。比如，用毛巾、手帕、布料等捂住口鼻，减少放射性物质的吸入。

知识链接

·个人核辐射防护·

核与辐射是从突发事件开始，可能延续几小时到几天的时间。该时段特点是事件发生，并持续伴随有放射性物质的环境释放。主要照射途径是吸入和烟云中放射性物质的外照射，隐蔽、撤离、呼吸道防护等可能是需要采取的主要防护措施。

对于呼吸道防护，可使用防毒面具、防尘口罩来防止吸入放射性物质的剂量。个人的身体防护措施的话，可以使用防化服、防酸碱服、核辐射防护服。这种核辐射个人防护措施一般不会引起伤害，花费的代价相对起来也小。

碘对核辐射的作用：

核与辐射突发事件发生后，人有可能摄入放射性碘，并集中在甲状腺内，使这个器官受到较大剂量的照射。切尔诺贝利核事故的经验教训表明，放射性碘是最大的影响因素，该事故造成年龄在0～18周岁的儿童暴发甲状腺癌病例超过了

5000例。因此，如果在吸入放射性碘的同时服用稳定性碘，能阻断90%放射性碘在甲状腺内的沉积。在吸入放射性碘数小时内服用稳定性碘，仍可使甲状腺吸收放射性碘的量降低一半左右。对成年人推荐的服用量为100毫克碘，对孕妇和3～12岁的儿童，服用量为50毫克，3岁以下儿童服用量为25毫克。

日本9级大地震导致的福岛核泄漏，主要泄露的物质为碘131，碘131一旦被人体吸入会引发甲状腺疾病，引发低甲状腺素（简称低甲）症状，患者必须长期服用甲状腺素片，而更严重的甚至可能引发甲状腺癌变。

服用碘的确可封闭甲状腺，使放射性碘无法“入侵”，但是过量的碘会导致碘中毒。在短期内可能会出现肠部不适和过敏现象及甲状腺疾病，严重甚至会致命。

因此在防止核辐射对人体造成的伤害时，人们大可不必惊慌。在日常生活中适当多吃一些含碘食品，碘盐、海鱼、海虾、紫菜等，微量补充碘，确保补足身体所需的碘元素并且不会过量。

◎核污染

对于核辐射污染，也就是放射性污染，通常人们往往只注意到现代科学研究中的核辐射在核工厂里某些特殊车间产生的放射性物质造成的危害，或者医院的X射线治疗所产生的放射性造成的影响以及损害，而未考虑生活中还会有放射性污染源。实际上，生活中的放射性物质能通过多种途径进入人体，造成对机体的慢性损害。要防止生活中的放射性污染源对人体健康的危害，有关执法部门要增强环境保护意识的宣传。另一方面，政府以及执法部门要加强对放射性物质的管理，对于容易受放射性物质污染的商品要定期进行监测。

1. 注意居室中的放射性污染

随着工业的发展，经常利用工业废渣做建筑材料，可能会使建材里面含有一些放射性物质，经过放射性衰变产生了放射性气体以及其子体产物，悬浮于室内空气中，氡以及其于体产物放射出能量较高的a射线（粒子），人若吸进这样的气体，就会照射人体肺组织。如果长期受到照射，很容易产生支气管炎和肺癌等疾病。另外根据国外报道，大多数家庭居室里面自然出现的放射性气体氡，如果与烟气混合，将会有致命的影响。氡是肺癌的一个致病因素。除此之外，装修居室用的花岗岩及其他板石材料也含有一定量的氡，特别是通风不良时，会造成居室内放射性污染加重。经监测表明，室内氧气多在通风不良的地方积累，所以经常打开居室的窗户，促进空气流通，使氧稀释，这是减少室内氡浓度的良好措施。装修房屋时要有选择地使用石（板）材。石材的放射性核素含量随矿床、所在地等天然条件的不同而有所增减，必须对它进行监测，才能知道是否适合居室装修。还要规范装修材料的市场。

2. 谨防饮用水的核污染

加强对饮用水源地的环境保护，谨防饮用水受到核污染。被放射性物质污染的水不能直接饮用。

如果用受放射性物质污染的水浇灌农作物、蔬菜的话。它的放射性物质的含量普遍增高，如果食用的话则有害人体健康。

中国矿泉水水源非常丰富，其中也有不少水源在流经途中受到人工或者天然的放射性污染。据报道，通过有关部门监测，某些盲目开发的矿泉水水源中含氧的浓度过高，若长期饮用这种矿泉水会危害人类的身体。所以，各地有关执法和监督部门，对于矿泉水的开发项目要严加管理，不只是要严格控制商品矿泉水的卫生指标，同时还要重视它是否受到放射性物质的污染。

3. 要防燃煤的放射性污染

燃煤中经常会含有少量的放射性物质。研究分析表明，许多煤炭烟气里面含有 U、Th、Ra、210Po 和 210Pb。通常情况下，尽管这些物质含量稀少，但如长期聚集，其放射性物质亦会随空气及烘烤的食物进入人体，造成机体的慢性损害。

平时生活使用燃煤，要注意通风排气，警惕煤烟通过呼吸进入人体内。禁止食用煤炭直接烘烤食物，尤其是烟叶、茶叶、肉类和饼干等。如果必须使用燃煤（碳）烘烤食物时也要注意屏蔽，不要让食物与煤烟直接接触。

拓展思考

1. 如果核电站发生泄漏，附近的居民应该怎么办呢?
2. 核泄漏的防护知识你知道吗?
3. 你知道核污染的影响吗?